THE FASHION DESIGNER'S

SKETCHBOOK

SHARON ROTHMAN

目录

纺织服装高等教育"十三五"部委级规划教材
国际时装设计经典系列丛书

国际时装设计师
创作过程与手稿

第二辑

灵感·设计开发·表达

[美] 莎伦·罗斯曼 著

邓鸿滢 译

东华大学 出版社
·上海·

图书在版编目（ＣＩＰ）数据

国际时装设计师创作过程与手稿. 第二辑 ／（美）莎伦·罗斯曼著 ；邓鸿滢译. —— 上海 ：东华大学出版社，2019.1

ISBN 978-7-5669-1476-7

Ⅰ. ①国… Ⅱ. ①莎… ②邓… Ⅲ. ①时装－绘画－作品集－世界－现代 Ⅳ. ①TS941.28

中国版本图书馆CIP数据核字(2018)第211324号

责任编辑　谢　未　徐建红
装帧设计　王　丽　鲁晓贝

国际时装设计师创作过程与手稿（第二辑）
Guoji Shizhuang Shejishi Chuangzuo Guocheng yu Shougao

著　者：[美]莎伦·罗斯曼

译　者：邓鸿滢

出　版：东华大学出版社

（上海市延安西路1882号　邮政编码：200051）

出版社网址：dhupress.dhu.edu.cn

天猫旗舰店：http://dhdx.tmall.com

营销中心：021-62193056　62373056　62379558

印　刷：深圳市彩之欣印刷有限公司

开　本：889 mm×1194 mm　1/16

印　张：13

字　数：458千字

版　次：2019年1月第1版

印　次：2019年1月第1次印刷

书　号：ISBN 978-7-5669-1476-7

定　价：79.00元

前言

作为教学的课外延伸，我编写了本书。在编写过程中，尊重每一位学生的创意成长和个人的设计理念。此书不仅可以作为任何一门服装设计课程的补充，也为期望利用速写本练习提升设计能力的业内人士及服装爱好者提供参考价值。我将速写本主要分为三种类型，每一种类型可以满足设计过程中不同阶段的不同要求。同时，三种类型根据时间先后顺序编写，从最开始的调研阶段到设计开发，再到最后的展示阶段。此书涉及诸多领域的专业知识，我的初衷是能为此书的使用者提供简单方便的查阅，所以该书根据逻辑导图和工作表进行编排。读者在练习提高设计技巧的同时也能单独用于任何实际的工作项目。

第1章　速写本。本章囊括了丰富的速写本案例来解释设计理念，并提供实用的创意方案和不同的展示途径。在完成原创性设计速写本的过程中进行自我表达，满足每个创作阶段不同的创意需求。

第2章　设计前期：灵感速写本。灵感速写本可以作为资料集，同时也可作为开始进行系列设计的序幕。在全球文化、经典时装复古的潮流背景下，设计师们可以自由收集不同的灵感图片，表达设计理念，用以挖掘自身的创造性和设计思维。速写本的选择、团队意见、面料收集，这些都需要你特别考虑。同时，即时速写与草图练习侧重于确定设计审美观，并且对概念的透彻理解也有助于从概念到设计过程的过渡。

第3章　市场调研：你的设计方向。本章基于真实的客户需求和消费市场。通过实物成品和设计草图的对比，找到准确的个人定位以及挖掘出你的设计潜力。在分析网络上的一些风格系列和趋势解读之后，设计的方案、策略和元素能逐步确定下来。系列设计准备阶段，在理念与图像紧密联系的作用下，宝贵的实践经验能使你有效地认清设计方向和目标市场。

第4章　设计开发：速写本阶段。本章主要涉及客户群体目标定位和设计过程的组织整理。不同的处理方法意味着不同的设计选择，比如，如何将理念转化为设计主题以及如何运用色彩和面料。试验如何让设计草图发挥试验性的指导作用，如何表达脑海中一闪而过的灵感，如何领导团队解决数不清的细枝末节的问题。这一章主要侧重于策略思考，以及确保最后系列设计的一致性。

第5章　展示速写本。展示速写本是从组织设计过程过渡到绘画作品集。这一章节使用大量能产生审美共鸣和突出独特设计主题的视觉设计风格页面来探究版式编排的重要性。对于一个专业的设计团队来说，一个出色的设计稿的展示与介绍能将设计风格与市场、客户的审美导向紧密联系在一起。核心练习和过程导图能够帮助你完成一本真正的与众不同的速写本。

第6章　创新/互动速写本。本章侧重于个人主题故事的讲述以及如何打造一本精致的作品集。使用速写本可以看作一个实验性的完整过程，用一种设计视野来展现设计作品。这部分真实地展示了一些年轻的新锐设计师的日常工作，他们的创意过程包括利用技巧和运用草图模版。本章将进一步探讨如何通过设计团队的合作来实施可持续性创意设计。

总体而言，在每一章中，都有当前活跃在行业中各个级别市场的一些年轻设计师和资深设计师分享各自有关创意过程、解决问题的观点，甚至还有一些求职建议。本书的最后还罗列了每个章节中所使用的资源列表，读者可以自行进行查阅。

在线访问更多本书撰稿者的个人故事和手稿展示：

www.bloomsbury.com/rothman-fashion-sketchbook

左图：在乔丹·迈耶的速写本中，俯视角度下的梯田地形给她带来了启发，随后迈耶进行了色彩分析。在本书第123页你能了解到她如何将灵感运用到设计作品中。

第1章

速写本

在印刷机发明之前，速写本就存在了。在纸上表达创意思维如纸张一样历史悠久。只要我们观看达·芬奇或者米开朗基罗的绘画草稿，仿佛悠远历史中的那些画家又变得鲜活立体起来。绘画大师文森特·梵高、帕布鲁·毕加索也是从亨利·德·图卢兹-罗特列克、约翰·辛格尔·萨金特的作品中学习，并不断地探索绘画技巧，完善线条的流畅性。作为设计师，我们也应当跟随前人的足迹。这些前人中有建筑师、室内设计师、女装设计师等，总之，涵盖了那些利用速写本解决各种困难、探索设计方案和展现独特设计观点的人士。任何独立的个体都能表达出自身的观点、看法和审美情趣，比如，可可·香奈儿女士就曾大胆地借鉴克里斯汀·拉克鲁瓦的极富想象力的拼贴手稿。

在过去的10年里，我发现服装设计速写的面貌发生了一些根本性的转变，年轻设计师们不仅仅局限于不断发生变化的文化背景、时装风格、数字技术，并且更具有全球化意识、创造力和自信心。学生的独特设计常常让我感到耳目一新，令人惊讶的概念解读，敢于创新、敢于冒险的精神，这些都让我更加清晰地看到速写本的外延功能。

图1-1 叶娜·基姆对时装摄影以及她的Menswear Dog微博品牌发布所绘制的头脑风暴草图。

图1-1

图1-2

图1-2 阿奎拉·阿里亚斯在速写本中自由表达她的设计理念。

图1-3 茱莉亚·考蒂通过图片和文字确定她的设计方向。

图1-3

　　服装设计师的速写本，其内容既是个人化的，但同时又是公开的，因为人们需要了解你的创意设计过程。在设计世界中玩乐之时又能解决问题，所以速写本就是让你进行试验和接受挑战的场所。这里你能自由展示你的个性，产生错误，然后提出修改意见，最后找出问题的解决方法。

讲述你自己的设计故事

全球时装市场正在发生着日新月异的变化。如今的设计团队需要掌握快速发现创新理念的能力，其中一些设计总监通过服装设计师的速写本来决定是否聘用求职者。卡尔文·克莱因作为美国纽约时装学院（FIT，Fashion Institute of Technology）的资助人，就曾经告诫过毕业生，工作机会通常不会单独因为电脑技巧和一本个人作品集就能唾手可得，更重要的是打造简洁且能说明核心问题的设计速写本。来自CFDA（美国时装设计师协会）的设计师们也非常认同服装速写本的重要性，因为确实没有比它更能快速、真实地展示求职者的创造力、个人品味、审美情趣、设计天赋的物件了。

图1-4 个性化审美：娜玛·德科托斯基通过生动的色彩和图片绘制了设计草图，随性、有节奏感地表达了她这一运动装系列的设计主题。

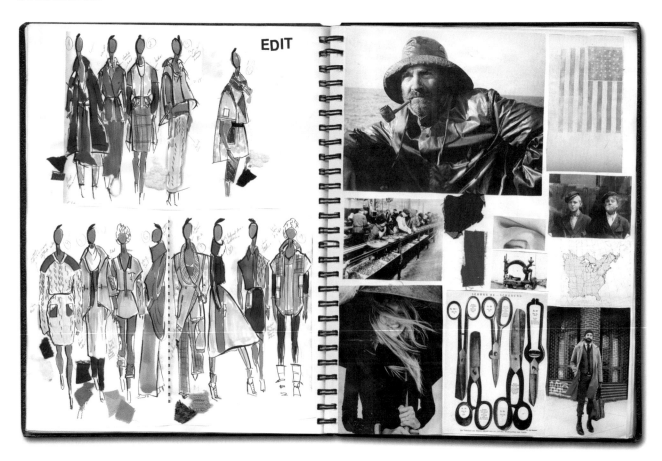

不同的市场级别对其所应聘设计师的要求是不同的。不过，共同之处在于他们都必须具有创意思维能力，从最初的灵感启发和审美水平发展到最后优秀设计的呈现。求职者需要的是快速表达设计的手绘能力、知识架构能力，并同时能清晰、有条理地表达观点和意见。这就是独特创意性思维所蕴含的巨大能量，通过速写本将它们以视觉化的方式表现，如果你有相应的潜力，那么在服装设计的领域里就能不拘一格、谋有一席之地。

因此，接下来你应该利用作品集和设计技巧展示你的设计过程，将你的设计才能一览无余地表现出来。

·视觉隐喻能提高抽象思维的转化能力，清晰地传达信息。

·对当下市场的了解有利于设计作品的定位，这可能直接引起你梦寐以求的设计团队的注意。

·设计草图能解释设计理念。

·对场景的刻画有助于设计系列的统一。

·图形策略能展示如何将个人的审美品味注入到设计主题中，并且具有连续感、过程感。

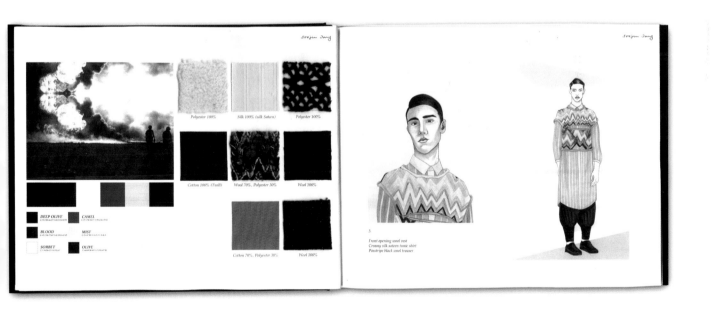

图1-5 江秀珍在她极具创意的男装设计比赛的设计手稿中十分严谨地结合相关元素，自然流畅地表达了个人的审美情趣。

你的速写本能为你做什么？

毫不夸张地说，设计师的整个职业生涯都需要速写本进行自由创意的表达，然后实现设计理念、求职、团队合作，或者争取项目推广的启动资金，甚至还需要使用速写本与地球另一端生产部门的工人和技术员沟通。速写本是鲜活的，它意味着你会持续把设计想法变成纸上的图像或文字，而且还能继续编订、修改、组合。它就像是一张地图，从初始的灵感到最终的系列，你的整个设计旅程都可以在上面寻觅踪迹。比如，记录下你瞬间进发的创意，对色彩、面料以及目标客户的斟酌，还有设计过程的反复推敲修改。速写本的功能是能让你充满斗志，同时也能系统地记录数周以来的创意试验。

这一独特的个人创作过程，即你如何开发你的创意、确定设计理念，在你体验设计故事的同时对其进行深入理解。在这一过程中，你的速写本为你提供了你作为服装设计师，以及你将在作品中如何进行表达的最清晰的照片——一个最真实的自我，以及自我的设计思维。因此，尽你所能拍摄一张最好的"照片"吧！

图1-6 亚力克斯·钟通过草图逐步深化其独特的设计理念。

> " 速写本作为收集创意的最佳试验性工具，快用它多'拍摄'下自己的创作过程吧。 "

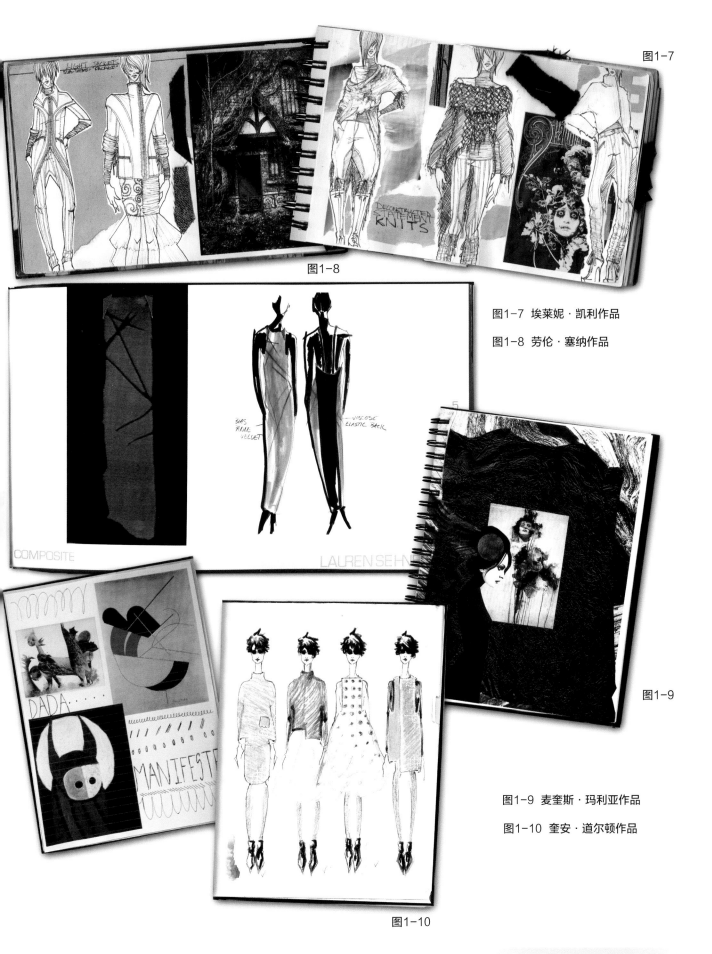

图1-7

图1-7 埃莱妮·凯利作品

图1-8 劳伦·塞纳作品

图1-8

图1-9

图1-9 麦奎斯·玛利亚作品

图1-10 奎安·道尔顿作品

图1-10

图1-11

获得美国纽约时装学院服装设计专业的本科学位后，安多拉在一家服装公司负责招聘工作，主要的服务对象涵盖了设计师、趋势和大众市场等客户。在过去的四年中，她为一家大型美国零售企业工作，负责设计、企划、供应链以及大学人才的招聘项目。

> **"** 速写本可以让我钻进某个人的大脑，看看里面究竟是什么事物启发了灵感，以及设计构想怎样过渡到最后的作品集。**"**

访谈：安多拉·韦特菲尔德

从求职的角度来说，你需要从速写本中发现什么？

"速写本是非常有用的工具。速写本让我能钻入某个人的大脑，看看里面究竟是什么事物启发了灵感，以及设计构想怎样过渡到最后的作品集。实际上，以旁观者的心态欣赏这些草图是很有趣味的，里面收集了许许多多不同的灵感来源和面料材质。有时候越是凌乱不堪的状态反而更利于激发创作，读者甚至可以通过真实感受'触摸'到整个创作过程。"

怎样完成一本成功的速写本？

"自然地表现你自己是很重要的。思绪自由流露，然后自然地形成设计观点。你可以从某个点出发，跟随自己的直觉，然后发现自己又在另一个点奇妙地'降落'，从新想法的出现到创意思考这应当是一个动态过程。不过，速写本里面应该都是与设计相关的作品和项目。还有请注重用手绘表达你的设计开发过程，通过整合图片和面料，打造一本与众不同的速写本。"

学生怎样通过校外实践提高自身的设计能力？

"实习当然是进入服装行业的最重要的途径之一。作为实习生你能参与会议讨论、试衣，并直接与设计师或相关人员一起工作。特别是如果你希望加入某些名企，实习肯定是最佳途径，团队会了解并看到你的附加值。许多公司都将实习生列入当季的新员工备选名单之中。"

你能给学生提供最有价值的建议是什么？

"我推荐学生利用一切社交机会，特别是在宝贵的实习阶段建立重要的人脉关系网。有时候一开始建立的关系网也许终身受用，而且实习很有可能转为正式员工。因此，建立人际关系网是头等重要的大事。"

请在线访问安多拉·韦特菲尔德的访谈视频：
www.bloomsbury.com/rothman-fashion-sketchbook

图1-12 詹娜·波力托的水彩人物效果图。在纽约时装学院学习的时候，詹娜曾获得"艺术专业评论家奖"（Art Specialization Critic's Award）。现在她的身份是一家大型美国零售企业的助理设计师。

来自美国德克萨斯州的丹尼尔·罗斯贝里，他和同样获得纽约时装学院本科学位的合伙人在纽约开创自己的时装事业并崭露头角。罗斯贝里曾获得"艺术专业评论家大奖"荣誉，在2008年毕业前夕，他在一家知名的设计公司的生产部实习。丹尼尔的作品很快就得到创意总监的赏识，随后即受聘于男装系列的主设计师。两年之后，他调任到女装部门开发女装产品线，并担任设计总监长达三年。最近两年来，丹尼尔同时担任男装和女装系列的设计总监。

图1-13

访谈：丹尼尔·罗斯贝里

你怎样开始准备你的时装发布会系列？

"我一般在进行设计前的一个月开始寻找灵感，我喜欢花时间在很多与服装并不相关的事物上。一般来说，画家们的艺术作品特别能给我带来启发，同时我会花很多时间聆听音乐，因为音乐也能刺激我的视觉感官。一旦准备着手绘制草图，我已经跟随自己的直觉做了一些探索性的尝试。我会一个人安静地坐下来，心无旁骛地想象着模特的形象，就像第一次见某个人然后开始试着了解她。接下来任由思绪飘飞，绘画、思考，随后自然而然就完成了我的设计。"

你怎么设置思考范围并将创意聚焦于此？

"我从大脑中寻找好的想法，其实都是抽象思维无关乎视觉的层面。不过核心的理念对于指导整个设计具有举足轻重的地位。我用文字表达感觉或者把感受转换成图像，当确定的元素出现在草图中，它本身就已经过滤了，所以我就能聚焦到核心理念，再进行设计。"

你有一本完整的速写作品集吗?

"我曾经采用活页的速写本,不过它丢失之后就再也找不到了。现在,我有意保存大量工作中关于概念和设计的手稿,因为我知道速写本在设计观点体现和创意培养过程中的重要性。它清晰地展现出整个设计的思维过程。但是我认为我的第一本个人作品集速写本应该算是真正意义上的设计发展过程。我记得那时我想退学开始创业,这将是最后一本基于我个人观点的试验性作品集,但那时我感觉不是特别好。所以在提交前的一个星期里,我再次修改了其中三个系列设计,试验性地采用水彩、肌理、线条的表达手法。在那一瞬间,一切都水到渠成,我脑海中的想法开始逐步呈现出来。图1-14便是从那本作品集中挑选出来的。"

请参阅本书第5章丹尼尔·罗斯贝里的手稿。在线观看访谈视频和更多作品:www.bloomsbury.com/rothman-fashion-sketchbook

图1-14

图1-14 丹尼尔·罗斯贝里的服装人物效果图——水彩、炭笔和针管笔的综合运用。

" 我总是随身携带我的速写本，一刻也不离手。它能开阔我的思路，任我思绪随意遐想，据此进行创作，这就是我的创意思维训练方法。"

——保罗·麦当娜，企业家兼艺术家，"关于咖啡的一切"

第2章

设计前期：你的灵感速写本

你的灵感速写本就像一本非正式的小日记本，不管到哪里都可以随身携带，且随时记录你偶然而发的想法，用文字和图像抓住灵感的瞬间。在专属的个人世界里，速写本存留了你所喜欢的事物，激发了创意灵感。在第四章会单独介绍设计创作过程，你的灵感速写本主要用于个人的设计探究和前期调研。总之，它是你开启创新想法的伊始以及个人愿景如何转变为设计理念的开端。

在你的创意设计生涯中，你将发现自己的个人审美趣味，并不断磨练。养成记录速写本的习惯需要运用敏锐的感官去感受与发现，拓宽设计视野。通过收藏对你有特别意义的事物，你能更清晰地听到自己内心的声音，你的设计灵感会源源不断地产生。在你的事业发展过程中，速写本让你时刻保持清醒的大脑和活跃的思维，传达创意想法，并享受设计探索的乐趣。

图2-1 阿曼达·卡尔森独具特色的封面给她的灵感速写本
增添了个性,让她每天都乐此不疲地使用它。

> 我是一个善于捕捉瞬间的人，用不同图像表达跳跃的思维，就像你不能总是走直线，这是一个连续的发现过程，假装某些确切的事物真正地发生过。
>
> ——丹尼尔·费尼兹·帕斯卡，马戏团艺术家，《致契诃夫的一封信》

图2-2 茉莉亚·考蒂打造了一个私人的世界，她将不同的时间片段交叠，形成一个故事，激发自己的灵感与创意。

图2-3 布列塔尼·伍德用丝带、线迹、各种几何图形创造了一个个人日记本，表现了她在童装设计方面的天赋。

图2-4 科里纳·布鲁尔选择了20世纪70年代的摇滚偶像帕蒂·史密斯的标志性语录和图片作为灵感来源，主要选用了撕裂的边缘和明显的缝制线迹作为设计元素。

图2-3

图2-4

创意、原创、灵感

个人的经历决定了创意的产生，丰富的想象力可以为创意添彩。看待同一件事物，我们每一个人都会有不同的感受，因此个人创意的迸发具有巨大能量。做设计的时候不仅仅自己常常深陷外部环境的纷扰繁杂，内心世界也是挑战重重。速写本就像是一项实验，只有你自己决定它的外延和内涵。通过收集整理喜爱的图片和意味深长的语篇，你会以一种新的姿态对待每天平凡的日常生活。不断试验和直觉的结合将爆发出新的设计理念。在一个充满创新精神的周遭环境里，它会时刻提醒你斗志昂扬地进行创新设计。

图2-5 将喜欢的图片和手工元素黏贴组合在一起，科里纳·布鲁尔创造了一个充满灵感的设计氛围，独一无二。

> " 每一个人都拥有天赋、原创性，有重要的事要讲述。"
>
> ——布兰达·尤兰，《如果你想谈谈艺术、独立、灵魂》

创造力就是将事物联系在一起。

——史蒂芬·乔布斯

图2-6 林晓从20世纪60年代的现代艺术中寻找设计灵感，她的创意自然流露，原创性地结合了她钟爱的色彩和几何图形。

每个人的DNA决定了人一出生就是与众不同的，但是我们不会凭空创造新事物，设计也是如此，它不会凭空出现。一些新奇个性的设计很大程度上可能是从过去的灵感而创作出来的。所以，可可·香奈儿女士曾经说过，"只有那些没有记忆的人才坚持他们的创意"。完成优秀的创意设计需要丰富的资源和敢于从普通事物中发掘新面貌的勇气。创意过程中为了完美再现灵感还需要准确的定位、清晰的目标和熟练的技巧。

灵感

亚历山大·苏丹尔尼克，服装设计师、时装评论家，下文摘选其关于灵感的观点：

"究竟什么是灵感呢，我们怎样才能获取呢？是不是只有确定的某些人才能拥有，或者只有一些确切的事情让他们获得呢？牛津英语字典中关于'灵感'一词的定义是：心理上突然之间得到的启发、敏悟，特别是突然产生的创作冲动或创造能力。例句：海伦大脑中突然闪现一丝灵感。灵感原意是吸入、呼出的过程。该词源于拉丁语，词义解释为'吸进、吐出'，最初它仅意指向某人传达意见。

"这些定义应该能简单完整地回答如上的这些问题。不过，它们也只是概念上的解释。因为，灵感最本质的意义就是生命活动。

"你什么时候会变得消极麻木没有激情？无论别人如何评价，现实中每个人都在不停地依据自己的感觉产生灵感。灵感不仅仅只有天才和大师才能具备，我们每一个人，无论是年轻人还是老年人，都有着鲜活的灵感。

"如果你善于创造灵感，想出绝妙的主意就简单容易多了，因为灵感创意深植于你的头脑中，并且无处不在。张开双眼尝试发现平凡之中的不平凡，比如，环境、场所、人、物。置身于灵感的海洋之中，当下的挑战就变成了选择的命题。如何筛选出最适合的灵感也许并非易事，但是这能让你专注思考自己的设计观点。

"运用相关技巧和试验对于转化灵感非常有效。你无法让你所不知的事物为你所用，所以要确保自己在工艺技能和技术方面精通！棕榈叶的树叶形状也许能给裙摆的设计带来灵感，或者面料印花、装饰钉珠、色彩板等。但是，为了使用它们，你必须先知晓、了解它们，自由地试验，在做出任何尝试之前一定不要怀有抗拒心理。"

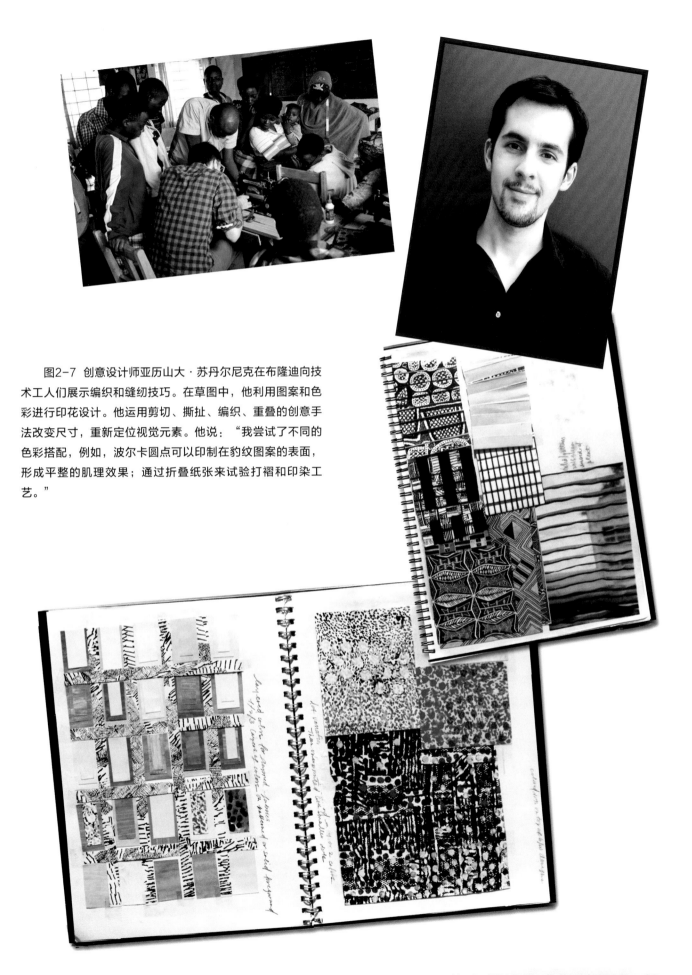

图2-7 创意设计师亚历山大·苏丹尔尼克在布隆迪向技术工人们展示编织和缝纫技巧。在草图中，他利用图案和色彩进行印花设计。他运用剪切、撕扯、编织、重叠的创意手法改变尺寸，重新定位视觉元素。他说："我尝试了不同的色彩搭配，例如，波尔卡圆点可以印制在豹纹图案的表面，形成平整的肌理效果；通过折叠纸张来试验打褶和印染工艺。"

图2-8

图2-9

图2-8 卡特·基德（上）展示他受到南方地域影响的灵感草图，通过快速手绘和视觉笔记的结合讲述了设计故事。对于沙南·赖芬（下）来说，每件事物都有可能成为灵感元素并出现在衣物的印花上。

图2-9 受到美国极简主义艺术家查理·哈珀的启发，克拉拉·奥尔森随性地结合图形与色彩展现出了新奇的设计感。

图2-10

图2-10 基兰·戴利森的设计草图展现了他的灵感来自于不同文化背景下人的标志性动态、情绪、外型。

图2-11 "我日记中的大部分图片是我用手机拍摄的，或者来自于他人的博客，不过我尽量自己画草图。"——茱莉亚·考蒂

创意混搭

在TED（美国的一家私有非盈利机构）演讲《一切都是混搭》时，科比·弗格森将自己曾经的混音师工作经历描述为创意处方，他说到："你挑选原来的歌曲，将它们的节奏打散后重新组合……这些不仅仅是混搭的一切要素，同时也是所有创意的基本元素：复制、转换、结合。"你的速写本将你的视觉、触觉和各种情感融汇在一起，推动了灵感的产生。当你习惯了这种转化模式，自然地也会进行复制、转换、结合，以此创造新的组合。总之，利用你所看到的一切进行视觉组合吧。将那些绊脚石、约束、重复视为创意之路上的挑战、混搭过程中需要解决的谜题。

" 一些有意义的事物通常都会引起共鸣。**"**

共鸣

成长于充斥着随意的视觉形态、背景噪音的文化中，你的感官会受到影响，阻碍你听到自己内心的创意之声。这时候学会挑选适合自己的创意因素变得至关重要。引起共鸣往往就是将事情简化。引起共鸣的一些记忆、情绪、个人感悟都是那些对你有特殊意义的事物。

当一幅由特殊色彩或图形组成的图片突然撞击你的心灵，这就是激发创意的共鸣。因此，留意任何事物，让感觉引导你的灵感探索，选择那些让你有共鸣的冲动，并重新认知其中的内部联系。

图2-12 受到本杰明·卡尔邦的具有强烈视觉冲击力的美术作品的启发，彼得·杜将那些难以言喻的内心感受淋漓尽致地表达出来，为他的设计赢得了奖项。

让创意鲜活起来

阿尔伯特·爱因斯坦的名言"创造力可传递，让其延续"说明了一个简单的道理，当你头脑里存有丰富的图像、想法，一旦周围有人引起你的共鸣，你自身的创意能量也被激发出来。经常与人分享可以保持创意鲜活，这就是一个连续的循环过程，不停地使用与创造。观看别人如何接受类似的创意挑战，如何处理想法、情境、色彩和形状，并使之融入到新的设计中，这都是大有裨益的学习方法。

大自然是一切创意的源动力，它与我们每一个人息息相关。光、颜色、声音、纹理、形状、图案都源于自然的创造，她能帮助我们拆掉思维的墙。自然的生机可以传递并感染我们，在创意贫乏的时候提供灵感。

图2-13 玛丽·赫夫曼的设计灵感来自于二战时期用于伪装军舰的迷彩图案。

许多艺术家、作家和设计师看问题的角度都和普通人不太一样。他们以旁观者的姿态思考问题也许显得费时，不过这有助于跳出常规习俗的框架，找到问题的解决方法。有时候，我们遇到的问题或者障碍都是自己凭空而想的，现实生活中根本就不存在。

改变思维方式通常能轻松地帮助我们摆脱困境。将截然不同的观点和图片结合在一起会有意想不到的效果，审美取向、故事情节也会更深入地发展。服装设计需要宽泛的理论知识的掌握，例如，时尚的产生、普遍现状、未来的发展方向。只有对全球文化有深刻的认识和理解才能解答这些难题。

图2-14 安吉利卡·赫梅莱夫斯基（左）将20世纪早期的风尚和现代男装风格进行混搭。米格尔·佩纳（右）把几乎毫不相关的图片组合在一起，独具个性，以表达自己的审美，丰富设计。

图2-15 葆拉·布埃索瓦德尔（左）和茱莉亚·考蒂（右）通过草图或拼贴照片展现客户的生活态度、生活方式。

你最想为谁做设计呢？

"一个人的着装打扮最能暴露个人信息，如我们的居住场所、文化诉求、社会地位、个人价值观等。设计师必须学会如何从表面的着装解读出这些信息，如果持有相似的价值观取向，即使来自不同地域、不同文化背景的人们也会有亲近感。这就是培养敏锐时尚嗅觉的一部分，同时也是怎样解读认识客户的开始：她是谁？什么事物能引起她的精神共鸣？她究竟需要哪些不同类型的服装参加不同的社会活动？在本书第三章中会重点讲述如何进行市场调研和深入分析客户。无论何时见到激发你创意的缪斯，剪辑她的照片，迅速地画出专属于她的风格设计。"

图2-16 自信随意地运用马克笔、彩色铅笔绘制粗犷的线条和色块，杰西卡·斯玛画出了穿着她设计的服装的女性形象。

——某美国音乐家，2012年奥林匹克运动会

你的文化背景

作为最丰富的灵感来源之一，文化涵盖了审美观和人类的一切活动：思考、创造、储存、记录、再创造。所有设计师都会探究世界的文化宝藏，为了找到适合设计的线条、廓型、细节、主旨、色彩；或者以艺术、音乐、建筑、文学、哲学、服装作为原始材料，进行创意搭配、原创设计。比起再次转化另一位设计师的作品，创意设计师们更乐意深入挖掘兴趣的根源，这样才能创作出与众不同的服装。埃尔沙·夏帕瑞丽的原创性基于她超现实的时尚理念，同时也颇具诙谐和高雅气质。

图2-17 安吉利卡·赫梅莱夫斯基（左）和贾斯·卡罗尔（右）以开放的心态融合全球文化背景下的设计灵感，包括廓型、基调、细节和色彩。

图2-18 莎伦·瓦格纳以全新的视角"重游"了20世纪20年代的柏林，试图找到包豪斯系列设计的原创资源。

> **最初的试验比最后的生产更有价值，自由的态度有助于勇气的提升。**
>
> ——约瑟夫·亚伯斯，包豪斯画家/教师

文化价值

服装直接体现了每个时代各自的文化价值观，不管是压抑还是自由的时代。它保存了前人的智慧，展现了时代前进的转折点，支撑你的潜力以改变文化的面貌，用设计讲述人类进化的故事。

熟悉服装史和色彩心理学显得很有必要。当你学会欣赏传统亚洲女裙的优雅韵味时，你也能意识到传统对女性的束缚与制约。在20世纪早期，保罗·波切烈和可可·香奈儿给予了西方女性自由着装的选择权利，即打破文化的禁锢和维多利亚时期根深蒂固的时装风格。但是很大程度上，传统文化依然影响着女性的日常生活。

寻根世界文化

誉有国际大熔炉之称的美国，其运动装遵循功能第一的设计法则，且兼收并蓄了带有他国文化特色的工装元素。虽然美式风格已经变为全球化的代表，但每个国家在艺术或设计（包括时装）的审美选择上依然有自己特殊的地域特征和历史根源。以西方现代风格为主的世界文化蕴藏了丰富的灵感源泉和原创理念。世界文化服装史这些信息可以在图书馆藏书、图像档案，甚至是艺术期刊中检索到。复古杂志和过期刊物也能为你清晰地展现当时的人文风貌，包括艺术、建筑、室内设计和服装，你可以便捷地剪贴留存相关信息。体验现实和过去更有利于基于灵感进行创意设计。

> **"设计师的生活与品位，以及瞬时改变的感性紧密地联系在一起。"**
>
> ——《普林斯顿评论》（PrincetonReview.com）

潮流意识

真正具有才能的标志之一是能根据更大的格局进行直观的调整，从而推动时尚的发展。从全球工业发展近况到明年春季女性的着装偏好，要清醒地意识到整个社会的发展趋势，为自身的设计能力增添筹码。保持走在时尚前沿意味着你要掌握你所为之设计的创意环境的一手资料，并理解它们之间的相关关系。因此，需要铸入适当的时代元素到系列设计中，并且提高你的文化直觉意识，保持紧跟潮流趋势的步伐。选择以下你所喜爱的方式确保自己位于时尚前沿：

· 参观美术馆和博物馆展览。
· 搜寻纸质媒体和互联网上的新鲜资讯。
· 参加各类艺术活动：戏剧、舞蹈、音乐、电影节。
· 到访文化艺术中心和图书馆艺术书籍档案室。

图2-19

图2-19 参观美国民间艺术博物馆，茱莉亚·考蒂受到灵感的启发，将男装、传统和服结构和优质面料运用到童装设计中。

图2-20 安吉利卡·赫梅莱夫斯基从亚洲服饰中寻找灵感，并运用到自己的设计中，以表达她的设计理念和色彩故事。

图2-20

潮流跟踪

国际趋势预测专家李·艾德库尔特的《趋势报告》被大部分高级时装屋奉为行业权威。他们的公众平台会定期发布当季的趋势报告。时尚趋势杂志《绽放》（*Bloom*）致力于结合自然的材质和色彩，启发设计，《我们的地球》（*Earth Matters*）直接谈论了利用当代设计将过度消费转变到可持续性发展的概念。诸如此类的专业趋势机构提供付费的当季色彩和风格预测报告，像style.com和其他颇受欢迎的时尚趋势网站也会让你免费了解最新的时装发布会和业内新闻。不管你是否用于特殊用途，它们都将是你的时尚流行风向标。

从出版物和数字网站中搜索资源

认清你自己的世界观并将之运用到个人设计中具有关键性的作用。熟练使用网络进行相关的灵感图片搜寻和设计师检索能拓展知识面。图片收集网站、公众平台，如Pinterest或者Tumblr，让你关注、保存、整理、分享来自世界各国作者的美图。把那些你收集的有趣图片记在心里或者记录在速写本上。数以万计的创意人士乐于使用图片收集网站，在有限的时间里最大限度地发掘灵感来源。此刻你使用的个性图片，也许很快就会广为传播或者过时。因此，真正的原创资源来自于你时常漫步的街道或是在全球各地旅行时拍摄的照片和用速写本记录下来的手绘稿。

时尚潮流博客，如The Sartorialist、Style Bubble、Refinery29都是很好的时尚网站，你能找到欧美潮人街拍、时装发布会、必读文章清单。作为一本当今服装文化变革中的核心刊物，《妇女服饰日报》仍然密切关注时装业讯息、时装秀发布会现场和潮流风格。诸如《服饰与美容》《时尚芭莎》一类的时尚杂志利用高度美化的照片和象征奢华生活的广告来推崇时尚品味。*Collezione*和*Hola*发布最新时装周的高定服装和秀场图片，这是练习人物动态速写与观察面料如何随着人体运动而变化的完美素材。

图2-21 高晓楠受到大自然的启发，选择清新、淡雅的色彩运用到春装设计中。

图2-22 源于大自然的启发，赛西莉·摩尔大胆结合地建筑弧线和自然的纹理图案，创造了极强的视觉冲击效果。

> " 我在为客户设计婚纱之前，会设想当天的婚礼场景、举行地点、理想中新娘的模样。我会使用Pinterest搜寻大量图片，仔细分类然后选出适当的图片制作灵感板，比如"剧院婚礼"主题（右）。视觉主题非常重要，它会直接影响我对面料运用和最终的设计感觉，建立客户群的同时也让我受到灵感启发。 "
>
> ——格里高里·纳托，《纽约美丽新娘》

图2-23 设计师格里高里·纳托将客户的个人理念、审美品位融入到设计过程中。

建立有效的图片档案

不管图片来源于时装博客、在线图片收集网站，或者只是逛书店偶然看到的，总之，随时都可以有新的灵感。以下是建立图片档案的技巧：

· 搜寻灵感图片时尽量选择高分辨率的清晰图像。

· 整理打印的样张、扫描的书籍和电子资料，在电脑上以文件夹形式存储，便于查阅。

· 一定记得按照不同的分类进行收集与整理，例如情绪、历史/文化、造型/廓型、色彩、材质、印花/织花、细节、客户、流行风格、可持续性、发布会系列、纽扣/辅料等，根据你的需要进行分门别类。

图2-24 杰西卡·德弗里斯（上）从网络图片资源库中收集意向图，创造了一个视觉主题，以支撑他的设计故事。费里德·奥兹索伊（中）利用图片档案，将装饰艺术与胸衣细节从概念上关联起来。

图2-24

图2-25 阿什利·冈萨雷斯从她的图片文件夹中挑选灵感图，进行秋季运动装的设计。

图2-25

图2-26 高晓楠（左上）随意的面料拼贴帮助她获得印花和材质方面的创意。塞西莉·摩尔（右上）擅于把握色彩，平衡服装的重量和材质。

图2-26

图2-27

图2-27 埃莱妮·凯利根据雪景的色调氛围拼贴面料。

图2-28 安雅·泽尔娜斯卡根据类别、色彩，通过均衡的页面布局对面料进行组织。

图2-28

建立面料档案

作为文化交流的产物，纺织品的发明对于服装设计具有关键性的作用。创意地运用面料能让你的设计风格独具一格，哪怕是最为实惠的简单款式的T恤和短裤。对于大部分设计师来说，开始系列设计的第一步是参加大型的面料展会。在法国的"第一视觉"或Pitti Filatti纱线展，你都能发现最新的面料、趋势、新技术来扩展设计视野。

服装设计需要透彻地了解面料的具体性能、面料随人体运动的衣纹变化，以及面料与人体体型的关系。经过严格的训练、系统的教育、大量立体裁剪练习之后，你才能具备以上基本能力。经常在专业的面料店采购最高级的面料，亲手进行各种面料试验，不管是奢华面料、高科技面料，还是可持续性面料。同时，还应该尊重面料商对面料样品的管理制度，与他们建立良好的合作关系。

练习1：建立面料档案

· 浏览、触摸、比较面料质量、手感、重量和颜色。

· 选择适当的面料，然后根据面料想象，自然形成设计理念。

· 保存最优质的面料小样，标记名称、价格、纤维成分。

· 收集大量的面料，按名称、重量、材质、色彩、季节分类整理。

· 将面料小样平放于透明袋、文件夹或拉链包中，以方便使用。

· 定期造访纱线、花边、纽扣、钉珠等辅料市场，为材质、色彩、装饰寻找设计灵感。

· 将面料小样进行组合搭配，可将它们进行重叠，并拍照，以讲述面料故事。

· 以一张图片中的色彩为灵感，挑选出大量不同材质和重量的面料。

组合拼接

你的灵感速写本应当有你自己的个性，让你自己具有用色彩和面料填充它的渴望。怎样使用速写本由你自己决定。有的人可以满怀自信地收集图片，突出视觉重点，不由思索地进行涂写绘画；有的人工作比较仔细周全，通常经过深思熟虑；还有的人习惯一边迅速地画草稿一边进行拼贴。无论是专注于图片拼贴，对它们进行清晰地排列整理，或是跟随直觉行事，最终你都能够找到完美展现个人设计审美的表达方式。灵感速写本容易上手操作且表达及时，因此，对内容太过深思熟虑或是精炼反而与其作用背道而驰。你可以利用电脑为你搜索到的喜欢的高分辨率图片进行裁剪或是修整，但是你的主要目标仍然是去习惯创意设计所带来的即时性与不完美，在后期你仍有机会使用电脑技能去改善页面展示的效果。

图2-29 卢克·霍尔（左）跟随他的创意感觉直接将草图绘制在灵感图片上。科里纳·布鲁尔（右）直接将剪贴画和她标志性的特殊缝制手法结合在一起。

速写本的选择

因为随身携带的缘故，速写本的尺寸和重量必须考虑在内。它应该握在手里舒适顺手并且耐磨损。选择一些小开本的速写本，如B5或者A4的，一般可以选择标准的装订方式，可以平整摊开的，以便使用。不过，开本太小也不利于绘画。垂直或水平方向皆可，并且创作时最好不要超过速写本的边界，同时避免面料和辅料的重量过大。

黏贴方法

你也许有了自己偏好的黏贴工具，即尽量保持简单和基本的。如果只是暂时定位置，记得使用无痕胶带。当把所有材料准备好后，用双面胶、透明胶或者胶棒将图片和面料平放黏贴牢固，对于立体的面料和小的辅料，使用胶枪、针缝或珠针固定住。参见资源部分第208页赛西莉·摩尔的工具清单。

避免损坏你精心准备的图片和手稿，不用使用以下错误的黏贴方式：

· 浆糊、液体工艺胶水使用后会变得干裂易碎。

· 橡胶胶水会使马克笔的绘画痕迹变得模糊；有毒气体需要良好的通风。如需更多建议请参照艺术材料安全信息须知。

· 黑色或彩色胶带容易分散内容的吸引力，容易与面料和色块混淆。

图2-30 醒目的黑色胶带影响了蔡米米速写本中的时装秀发布会图片和线稿。练习正确的门襟和衣领结构的画法，哪怕只是粗略的草图。

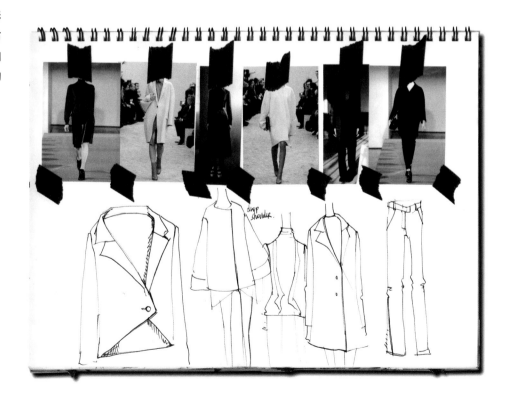

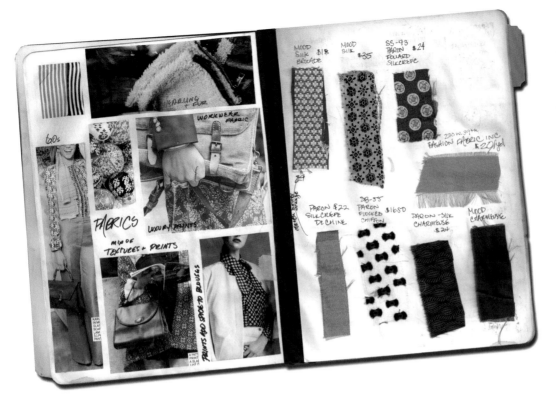

练习2：你自己的混搭

拥有一本个人灵感速写本能随时激发你的创作热情，有助于理清你的设计理念，并且直接将灵感过渡到研究阶段。以下简易步骤界定了你的设计过程：

· 不管到哪里都要拍摄照片、绘制草图，观察街头风格和行走的人群。

· 在线搜索高分辨率灵感图片，包括艺术、时尚观点、流行趋势和色彩，将它们分类保存在电子设备中。

· 挑选图片，二次整理：剪下或者扫描纸质图片，将数字图片库里的照片打印出来。

· 对这些图片、面料、草图，以及笔记进行试验性的整合，用它们讲述一个故事。

· 罗列出最重要的灵感图，如德赖斯·范诺顿、蜡染、俄罗斯芭蕾舞、查特酒……，以此界定你的设计风格。

· 阅读后面部分的内容，选择你的速写本日记。

图2-32 美国原住民印第安人图片、色彩颜色、观点（上）影响了袁永力的自然装饰手法和可持续性面料的选择，她的设计主题是"致敬地球"。杰西卡·斯玛摘抄了尼尔·杨打动人心的的歌词，在主题故事剪贴板中注入了原声摇滚的音乐氛围和情感张力（下）。

即时速写

速写是设计师记录设计灵感便于深入设计的有效方法。练习手绘能力的同时也能记录下瞬间产生的想法。你将拓展综合能力，提升眼力和对比例的掌握。快速地使用铅笔或者钢笔进行速写对于初学者或许是个挑战。不要将过多心思放在怎样画、画得怎样的问题上，应该把所有注意力集中在如何抓住你瞬间的感觉。因此，一旦有什么想法了，不要迟疑，马上动笔吧！让创作的冲动直接从大脑传递到你的双手。还有引起共鸣的图像、面料小样、色块都会提醒你进行创意的设计探索，画出出色的手稿。

快速绘制手稿的能力是你的个人语言，它以你最舒适的状态绘制出服装在人物身上的状态，不管是平面图还是草图。当你绘画的时候，练习手劲能让你的笔触显得更加自信有力，也很醒目。许多设计师，如基兰·戴利森就在画好草图之后再用针管笔勾线，使图稿既清晰又能保持它的流畅感。用轻柔的笔触交代色彩和图案，避免显得呆板。如需更多速写技巧和速写案例，请查阅本书第4章和第5章。

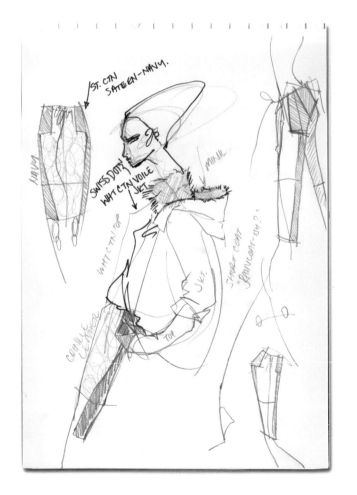

图2-33 基兰·戴利森擅长将脑中突然出现的设计理念变为视觉语言。他说："其实我大部分手稿都是在零碎的纸片上完成的，而且是在走来走去或者吃午餐的时候。"

图2-34 沙南·赖芬一气呵成的设计手
稿（左上）；娜玛·德科托斯基（右上）；
卢巴·金娜斯维奇（中）；基兰·戴利森
（下）。

速写工具和建议

请看第208页赛西莉·摩尔的工具清单。

· 选择一只细尖钢笔、软硬适中的铅笔（2或2B），或者好用的自动铅笔。

· 画服装通常用黑色线条，因为它属于中性色，不会影响或暗示色彩方案。

· 纯黑和90%灰的线条也会因为粗细不同而有细微的差别；要得到最佳效果，就是勤于削铅笔。

· 快速表达色彩和材质时，彩色铅笔特别适合较软的面料，如针织、羊毛、丝绒或者皮草。

· 人物眼影的色彩应选用柔和的颜色。用小的海绵卷筒和其他专业艺术用品能保证即使是最薄的纸张也不会出现晕染的情况。可以在网上购买实惠的颜料，选择黑色、亮色，以及适合表现皮肤的中性色。

如何避免速写本上的凌乱感

· 蜡笔、炭笔、软铅笔着色容易晕染，或者直接印到背面。拷贝纸上留下的铅笔痕迹也会弄脏手稿。

· 如果使用马克笔，只有技法掌握熟练之后才能运用自如，否则笔触会显得笨拙。练习时可以用马克笔的细圆头画出大致轮廓，再使用针管笔勾勒细节部分。

· 使用带有酒精的油性马克笔容易渗透速写本的页面，所以请使用水性马克笔，快速轻柔地绘画并保持画面清爽。如需更多建议，请参照艺术材料安全信息须知。

图2-35 梅雷迪恩·莫尔顿在进行色彩和面料的试验时，巧妙地使用了眼影。

图2-36 昆南·达尔顿（右）尝试在层叠的马克笔专用纸上进行设计探索。袁永力（最右）使用红色马克笔大面积绘出服装的造型，通过在人物边缘处留白，再用细实线勾画的方法，呈现了服装的廓型。

练习3：速写调研

去销售各类服装产品（从奢华的高级成衣到现代运动装）的高端百货公司进行考察。带上你的速写本，进行选择性观察。注意整体和细节之处色彩如何与面料进行结合，感受高级面料的品质和手感，观察市场上不同类型的消费者的消费水平以及商品的价位。

· 选择你喜欢的搭配进行绘制：廓型、比例、结构细节。

· 检查服装内部细节；查看面料和价格标牌。

· 为每一幅手稿作编号标记，交代色彩、面料、价格。

· 大致画出消费对象，并用文字进行描述。

从概念到设计的过渡

概念是进行整个系列设计的核心要素。它促使创意的产生，并且确保设计过程不会偏离主题。概念是你想创作的系列设计的框架，它能引导你的调研和市场决策。在职业生涯中，它能为你向设计团队解释你的设计意图，使设计意图不至于偏离主题，并且向媒体传达关于你的系列的创意动机。

要如何寻找目前适合你的概念呢？其关键在于切身地联系自己发生的以及感悟的事情，并以此为线索进行拓展，形成系列的设计理念。

> **"**调研就是看到别人所看到的，然后去思考别人没有想到的事物。**"**
>
> ——阿尔伯特·森特乔尔吉

图2-37　"我的概念总是围绕我的目标客户进行的——她所做的事、旅行目的地、怎样展示她自己的风格。这次，她出发去意大利旅游，选取了Jackie.O的背景故事和20世纪60年的意式风格作为系列主题。"——阿美利亚·塔克

图2-38 安雅·泽尔娜斯卡的秋冬系列的主题图片是关于原始情绪的折衷性混合：墨点、匿名、回应的愤怒，都在讲述她的"后朋克"式的中性风格设计主题。

为了能够轻松地过渡到系列设计的过程，关键要素是填充速写本——比如灵感图片、面料、廓型、色彩、细节等。也许你的试验性联想已经将你的"创意盒子"定义成了主题故事，并用语言文字表达出来。也许你正在寻找方法将模糊抽象的概念具体化。

选择你喜爱的图片、色彩、面料、图形，当这些能够唤起你灵感的要素组合在一起，你就能很巧妙地在释放情绪的同时讲述故事。设计概念可以如阿美利亚·塔克的"意大利之旅"那样直白、简单，或者运用社会背景下更加复杂的叙述方式，如安雅·泽尔娜斯卡通过探索中性特质的"后朋克"。

找到你的设计概念

有许多构建设计概念的方法。思维导图、视觉叙事都是通过单独结合或对比灵感来定义设计理念。无论是单独或结合的方式，它们都是专注研究和系列方向的有力工具。

思维导图以非线性的方式使用文字，然后自由地联想核心观点的不同层面。在呈现总体的视觉叙事的方面，使用描述性的语言表达组合不同的灵感元素会为你带来新的探索方法。如果你犹豫不决或者思维堵塞的时候，这些都是获取概念的简易方法。

图2-39　伊丽莎白·亚当斯（左）和安吉利卡·赫梅莱夫斯基（右）探索核心主题的不同层面，各自通过使用自己的思维导图方式判断不同设计方向的可行性。

视觉叙事更像是从毫不相关的灵感中设想一个概念或主题，然后围绕不同的设计观点引出一个潜在的故事。当你触及、分类、混合各种视觉灵感时，脑海中关于廓型的种种图片与记忆中的色彩和细节重叠在一起，你的设计思维自动地打开了，然后你将会发现它们之间建立起了新的联系。这些新组合能为你的系列创建视觉语境，提醒你下一步的设计开发方向。

图2-40 林晓的大量关于折纸的视觉、情绪的图片，激发她"几何雨季"的秋冬系列主题。

> **"**具有灵感启发和导向功能的概念——这就是情绪表达，是你希望为系列设计营造的氛围。主题应具有可操作性，因为它涉及到具体的服装细节和面料，以及如何将概念转化为视觉效果。**"**
>
> ——娜玛·德科托斯基

系列主题

思考一下自己的设计究竟想要表达出怎样的主题。它也许是你进行概念试验的结果，就像林晓的"几何雨季"。或者是你想根据市场调研进一步深化主题（详见第3章）。无论你选择何种方式，主题都应围绕你的意图指导设计开发，启发设计风格、情绪、色彩和季节性，呼应最初的设计构思。你会发现在概念中可以得到不止一个设计主题，例如，安雅·泽尔娜斯卡赢得评论大奖的毕业设计作品。从更宽泛的角度理解"冲浪"，她设计了三个休闲运动系列：秋冬系列"冰浪"（以严寒的西伯利亚冲浪者为名）；休闲度假系列"夜浪"（以南太平洋岛的夜晚冲浪者为名）；春季系列"暖浪"（以巴西的温水冲浪者为名）。

图2-42 "夜浪"主题

图2-41 安雅·泽尔娜斯卡的"冰浪"主题

图2-43 "暖浪"主题

练习4: 视觉叙事/思维导图

第1部分: 观察模式——初步概念和主题试验

· 通过思维导图确定和发现概念和情绪的新方法。

· 混合最具意义的图片到视觉故事/概念中。

· 为概念找到主题或标题；选择文字/短语确定态度、情绪和概念/主题包含的设计观点。

· 尝试结合具有明显对比的视觉/情感图片内容，创立新方向，或者编撰你自己的故事。

第2部分: 混合设计

· 寻找展现廓型、细节、色彩的灵感图片，凸显概念性主题。

· 选择能表达主题的面料，注意重量、色彩、手感。

· 粗略绘制其中一些设计创意。

· 将概念视觉化展现在速写本上，结合各种灵感来源和情绪图片、设计草图、色彩、面料。

下一个步骤

速写本上有关灵感调研方面的探索、快速绘画，以及与设计创意相关的启发性联想的分类，都有助于你形成概念思维。即使当你迷失于细节，思维堵塞或者没有创意想法，加之备受于时间的压力和他人的期待之扰，你也能根据你自己留下的痕迹重新找到方向。更多介绍

参见第3章——市场调研：你的设计方向将改变速写本的角色，并将研究重心聚集到实际市场。

如想查阅更多将概念视觉化的过程，请翻至第4章和第5章。

图2-44

访谈：斯科特·尼隆德

来自于美国明尼苏达州的奥瓦通纳，斯科特·尼隆德真正取得成就是在他2000年从纽约时装学院毕业后。最开始担任汤米·希尔费格的助理设计师，然后就职于博洋公司（Beyond Productions，澳大利亚娱乐电视视频网站），接着很快又担任了House of Dereon（美国歌手碧昂斯和其母亲共同成立的时尚成衣品牌）的设计总监一职。他负责设计大部分碧昂斯的创意演出服装。在2014年，他开始推出个人成衣系列，其颇具创意的新颖风格受到业界的普遍好评。

在线收看斯科特·尼隆德的访谈视频和设计手稿：
www.bloomsbury.com/rothman-fashion-sketchbook

你如何使用速写本？

"我将速写本视为日记本或者项目规划工具，我几乎任何时候都在使用它记录随时的想法、研究、草图。但是我也用来编排照片，勾勒出总体的表达方案并编排好每件衣服的展示顺序。当我同时进行不同的项目时，每一个项目都有单独的速写本记录信息、想法、视觉灵感，这样做的好处就是不会造成信息混淆。我总是知道怎样寻找项目的相关信息，我能理清工作中的所有元素相互之间的关系，然后挑选最有用的图片、色彩、情绪作为我工作室的设计灵感板。"

哪种调研方式最能给你的项目设计带来灵感？

"我尽可能地从初始的资源里面寻找灵感。这种方式意味着，我很大程度上被事物的原始状态打动而不是去解读其他人关于某些事物的解读。通过直接联想个人经历，我能解释我想要的。我找到实际的照片，不仅是时尚娱乐照片。我最为直接的灵感来源当然是旅行经历，只要有机会，我就会出去旅行，看看外面的世界和不同文化背景的人交流互动都是很有趣的。"

你随身携带你的速写本吗？

"只要我到达一个新的目的地、工艺市场、当地旅行商店，就会购买一本旅行日记本。在秘鲁，我给随身携带的小日记本套上塑料袋，这样即使身处于亚马逊河的热带雨林之中也不会被打湿。大自然中鸟类的色彩、丛林生活、当地的工艺品、珠宝首饰都能给我带来很棒的视觉体验，速写本就能记录下这些随时出现的想法、创意和装饰设计。"

当你选择速写本时会考虑哪些因素？

"一本邮差包尺寸大小的速写本对我来说是最完美的。我到任何地方都方便携带，而纸张的尺寸也足够大，不会对速写稿的效果产生影响。有时候，越是开本小的本子，越是很难随性地绘画。我更倾向于选择铁圈装订的速写本，它能让翻开的页面平整放置。"

图2-45

图2-45 斯科特·尼隆德的关于亚马逊丛林的灵感墙。

图2-46 Achoté Red Zo设计的钉珠长裙，为了实现更逼真的效果，使用彩色铅笔上色、针管笔勾勒轮廓。

图2-46

图2-47

担任服装设计师同时又身兼插画师的雷纳多·巴尼特从小就开始全球旅行，然后在位于洛杉矶的美国时尚设计商业学院（Fashion Institute of Design and Merchandising，简称为FIDM）和帕森斯时装设计学院（Parsons School of Design）学习。毕业后，他来到了巴黎开始绘画并担任模特，很快担任了帕特里克·凯利的助理设计师，随后回到纽约为安妮·克莱恩、妮可·米勒和图勒设计。巴尼特担任大牌Yansi Fugel的设计总监长达5年时间。在2004年，他终于发布了自己的女装成衣系列，引起时尚界的广泛好评。目前，巴尼特身为品牌Polo Ralph Lauren和Tommy Hilfiger的自由设计师和专栏插画师。最近15年来，他一直担任FIT的服装设计教师。

访谈：雷纳多·巴尼特

速写本是你设计工作必不可少的一部分吗？

"无论设计高贵奢华的晚装还是针对职场女性的运动休闲装，速写本都是我工作中的一部分。里面记录了各种粗略的设计草图，很多时候设计就在召开会议的桌子上完成的，然后我们讨论选择何种面料和当季相关客户的设计方向。与此同时，我也在思考营销的问题。将草图转变为实际的产品时，系列设计自然而然就完成了。"

你怎样一直保持有灵感的出现？

"我保持记录个人设计日记的习惯——真是大杂烩，从运动装到晚装。我总是思考怎样设计，甚至随时都记录设计想法，写上关于每一件衣服的面料使用方案。速写本为我提供源源不断的创意灵感，包括我最爱的20世纪的时装风格和了不起的唐耶尔·露娜（第一位登上VOGUE封面的黑人女性）——我的"美式世界女孩"灵感缪斯。我总是带上速写本去参观博物馆。欣赏不同历史时期的时装能给你带来不同的参考素材，启发你画出自己风格的手稿。因此，只要我没有创意就会去博物馆。"

雷纳多·巴尼特的诸多速写本组成了关于他个人创意设计的历史簿——每一本都与时俱进。他在纽约创办了专业服装设计绘画工作室，计划在不久的将来出版时装漫画作品。

更多作品参见第5章或在线插画展示：

www.bloomsbury.com/rothman-fash-ion-sketchbook

图2-48 雷纳多·巴尼特的专业作品展示——带有文字标注的马克笔人物效果图和面料/情绪板。

> " 请问您能告诉我，我应该去往何方呢？'那很大程度上取决于你想到达的地方'。 "
>
> ——刘易斯·卡罗尔，《爱丽丝漫游仙境》

第3章

市场调研：你的设计方向

从数不清的价值上亿的奢侈品牌到大众市场设计品牌，调研往往是设计过程的真正开始。市场调研具有聚集创意理念并转化成系列设计的重要根基的作用。当将灵感探索和个人设计概念结合的时候，它会告诉你"你想到达的地方"——你的设计方向。

利用速写本进行调研有助于展现你的创造力，让你从竞争者中脱颖而出，并且对于确定个人设计定位也有帮助。大多数设计师为他们进行的每个系列或者项目、学术项目、竞赛概要、客户的设计任务都各自准备一个速写本。他们的调研和初始的创意有助于让他们清晰地聚焦在必要的设计目标和设计条件中。但是，对于个人的系列或者求职作品集来说，你只能自己提出设计目标，并设置参数标准。通过将你的创意针对一个你想从事的具体的市场级别或者设计领域，你设计的系列将以真正的市场为基础，使你可以更加有条理地组织商品生产。

图3-1 赛西莉·摩尔一气呵成地确定了自己的设计主题、目标客户、市场定位、总体的设计方向……这就是调研需要做的一切。

　　使用灵感速写本进行探索研究的目的是帮助表达个人审美和概念主题。进行市场调研、收集视觉灵感，再寻找资源，这些设计前期准备工作为之后的成功设计奠定关键的基础。当你以实习生或者新人的身份进入行业，你会承担大部分的设计相关调研和组织工作。对于你自己的项目，深入到零售市场调研、以不同角度定位客户群、了解相关商业市场，这些都是很有必要的。速写本让你以视觉化的思考方式比较、分析、记录创意调研结果，确定你的竞争者，将设计理念融入综合的、以实际市场为基础的设计方向中。

——温蒂·弗里德曼，寇驰（Coach）设计总监，男装成衣："御寒 & 毛衫"系列

设计哲学

界定你美学的哲学影响了你所做的一切。从设计领域的角度来说，它意味着你所掌握的关键时尚信息将主导个人品牌的风格表达。你的设计哲学随着经历的积累，逐渐为你的创造力建立坚实的基础，即使你所服务的市场级别和品牌定位可能发生改变。

例如，执掌赛琳（Celine）的菲比·菲罗将"街头文化……到实用性"的中性风格作为其品牌精髓，加之简洁、流行时髦的款式，适用于女性一生的穿着。她为摩登、知性、干练，通常有点中性风格的女性进行设计，因为"她们靠自己立足"。研究她的设计系列，我们可以发现尽管每季的风格都在变化，核心的设计理念始终如一，再加上品牌的个性，使得赛琳拥有一大批忠实的粉丝。

图3-2 安雅·泽尔娜斯卡的设计哲学："为坚强、干练的女性提供简单、易穿的服装……性感不只是停留在表面。"

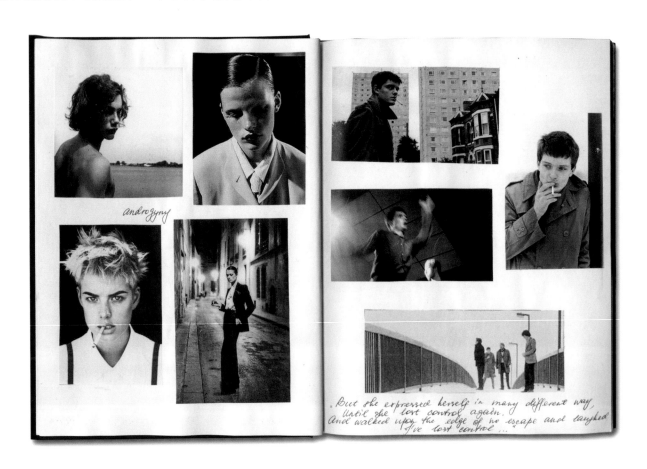

练习5：将你的设计理念视觉化

在所有的市场级别中，时装属于美学的商业范畴。商品在满足情感需求和渴望的同时提供舒适性和高品质，就会带来忠诚的客户。哪些关键的时尚信息将你与客户的审美观点联系起来？

· 从时尚博客搜寻你喜爱设计师的关于设计哲学的语录。

· 收集在情绪和风格方面表达他们关键的时尚信息的图片。

· 将你自己的时装风格与以上收集到的信息进行比较，记录下可能会变为你的设计哲学的字词或短语。

· 继续使用你的个人速写本，添加能表达你个人设计哲学的图片。

拉夫·劳伦（Ralph Lauren）成功地构建了一个时尚奢侈王国和个人品牌文化，并拥有大批忠实的品牌跟随者。被成千上万的英剧迷所喜爱的PBS年度大剧《唐顿庄园》中，他将自己与上层社会生活方式和质量标准联系起来，激发了他自身的设计愿景，并促进品牌形象背后的哲学理念深入人心。

" 经典，对于我来说，就是那些永恒的、持久的、从来不会过时的风格。我相信我所设计的服装风格是能够 **"** 经久不衰的。

——拉夫·劳伦

客户定位

当今，已经很少会有女性客户会通过量体裁衣的方式制作日常服装，不过，购买自己喜欢的品牌或设计师服装也能让人得到实在的满足感。你的客户群代表了不同的年龄阶层、生活方式、体型，她们的共同之处在于与你分享相同的时尚审美观，渴望以你的时尚风格理念为依托来表达自我形象。

让你的客户选择保守还是经典的穿着风格呢？是极简的造型适合她们呢，还是你将其风格定义为先锋、浪漫，或者时髦呢？她们会选择哪一个品牌以及不会选择什么呢？只要回答以上的问题就能帮助你找准你的时装风格和客户群定位。年轻、富足的都市"绯闻女孩"与乡村俱乐部里的女孩们在生活方式和兴趣爱好方面大相径庭，但是她们可能都是某一品牌的忠诚粉丝。因为该品牌突显女性曲线的裁剪和颇具女人味的设计契合她们共有的时尚审美趣味，这种时尚风格的共通性打破了地域性的差别。

图3-3 阿美利亚·塔克创建了一个具有典型的地中海风格特征的生活场景。整个系列设计旨在满足当代多元文化背景下的客户消费需求。

为了赢得客户的忠诚度，你必须观察她们的着装品味，了解她们的需求和兴趣：职业、生活方式、预算，这些全方位的个人信息都能告诉你如何在合理的消费水平满足其着装要求。为了更好地了解客户：

· 找出具有方向性的廓型和细节图片，定义客户的时装风格。

· 在速写本上记录设想的不同生活方式场景；收集客户服装必备单品的图片。

为了更好地了解客户的消费水平，观察她们平时购物的商场，是光顾波道夫·古德曼（Bergdorf Goodman，

美国著名的奢侈品百货商店）和Net-a-Porter（全球首屈一指的时尚奢侈品购物网站）等高档消费商场、奢侈品旗舰店，还是选择中档水平的Barney's百货和Shopbop购物网站，或者是面向普通大众市场的Zara和H&M？想一想她们为什么要购买你的衣服呢，在何种场合和时间穿上身，以及会怎样打造自己的衣橱。

她是一名穿着阿玛尼经典款套装的成功诉讼律师？还是一位会购买川久保玲的前卫单品搭配J.Crew（美国平价服装品牌）基本款的富有经济头脑的扮酷女郎？

图3-4 杰西卡·德弗里斯的春夏系列，她受到其年轻客户不走寻常路的生活方式的启发，将各种风貌、创意和色彩剪贴并融合起来。

CREATIVE • WHIMSICAL • MYSTERIOUS
CUSTOMER

LOVES to
visit LonDon,
Stockholm +
Copenhagen

CREATURES OF
THE WIND
+
ACNE
+
OPENING CEREMONY

LIVES IN the
EAST Village

ROSIE

Freelance
Graphic DesigneR

图3-5 科里纳·布鲁什
的时髦客户（上）：冷酷、
创意、折衷派的独立旅行
者。黛米·张的夜店富家女
奢侈与时髦（中）。阿什利·
冈萨雷斯的（下）"衣着经典
却有着波西米亚式自由不羁的
风情"的时髦都市女孩。

Feminine design,
luxurious materials,
sultry silhouettes.
demi

New York nonchalant streetwear chic.

The customer is a 20-30 young professional.
She is highly interested in fashion and enjoys
being able to afford it. She plays with tailored
silhouettes along with looser fits both at home
and at work.
She is simple, classic, yet sometimes a bit
daring... not afraid to experiment with fashion.

A Typical Friday...

7am – Starts morning: freshly roasted coffee / skimming 'the magazine'

8am – Heads to the office in her red Manolo Blahniks and Gucci

9am – Checks her inbox and preps presentation for editorial meeting

11am – Looks up NYFW schedules and gallery openings

1pm – Lunches on salmon salad and yogurt

2pm – Press open day; checking out up-and-coming designers...

4pm – Confirms flight reservations for next month: Four Seasons in Maui

7pm – Manicure/pedicure at her favorite nail spa

9pm – Catching up with friends over champagne

图3-6 通过日常计划、图片选择，安佳永解读她心目中时髦女性的日常生活方式。

练习6: 你的关键时装信息

你将要在速写本上整合客户和情绪图片来表达你的设计理念。准备工作：对图片进行整理，并编辑，反应你的客户的年龄段、类型和生活方式。

· 避免展示其他设计师品牌的广告或秀场图片。

· 选择表达设计理念的图片并且描述当季流行趋势方向（如果你打算设计个性强烈的军装风格，那么不要挑选穿着柔软面料的夏季连衣裙图片）。

· 选择大头照或不规则剪裁的服装照片，着重表达客户个性、情感和审美。

· 将你的图片松散地排列组织，使用文字或短语反映客户的品味和生活方式。

——尤兰达·海宁，Joe Fish 设计副总监

市场定位

服装产业根据价格定位和面料品质以及工艺水准的不同进行商业分级。不同的市场分类使得设计计划成为可能，指导服装生产和销售环节。设计师通过独立的个人审美、设计风格、客户定位区别于其他竞争者。因此，了解当前市场水平、你所处位置和竞争者现状都对你的事业至关重要。

全球不同区域的服装市场都会了解并参考不同档次的相似产品，其中欧美主导了运动装市场的等级。从传统意义上的高级定制发展而来的时尚，已经逐渐演化成普通大众都可触手可及的市场级别。

图3-7 安佳永的设计定位是商场的高端商品。她通过杂志和网络进行市场调研，激发出系列设计的灵感（如需欣赏最终的设计稿，请翻至第5章）。

> **"** 作为一名设计师，你必须喜欢你的顾客⋯⋯知道如何满足他们生活所需并且给予浪漫情调。**"**

——马克·沃德罗普，Jones Apparel集团，设计师

图3-8 备受尊崇的客座评论家、创意设计师马克·沃德罗普（1965—2012）分享研究心得，并为学生简述2009秋季FIT时尚设计评论大奖项目。他从高端期刊照片和克里斯托弗·贝利的Burberry Prorsum发布会秀场寻找灵感，发掘当代高端消费者的风格和情绪特征。

　　电子商务和近期复苏的经济形势给传统市场带来了更大的价格波动性，市场品牌呈现多元化的发展趋势。许多设计品牌着力于开发多条产品线，试图发掘出不同的市场，并热衷于和大众市场零售商店开展紧密合作。甚至年轻的独立品牌也已经意识到这样的合作有助于拓展客户群，同时能提升其品牌吸引力。现今高消费的女性也许会购买设计师的"胶囊系列"服装，但是主流女性仍然是从线上的大众品牌购买她们在某个特殊场合要穿的裙子。

零售观察

百货商场非常擅于观察客户心理，并且会雇佣专业团队研究、追踪消费者偏好和购买习惯。他们根据价位与风格来决定货品的购买量与售卖点。这使得消费者更容易找到他们所喜欢和需要的商品——对你来说则是益于找到设计定位和客户群。你的同行竞争者们将分享同样的市场份额、价位区间、专业领域，甚至开发类似的设计风格。

例如，在Saks Fifth Avenue百货或者Nordstrom百货，你会看到赛琳紧挨着卡莱尔·克莱恩，其款式都是因简洁的线条著称，品牌主旨是崇尚优雅精致的服装风格。

与之对比，在设计师品牌旗舰店或者精品店，你应该能找到一整季的服装系列。店铺陈列和室内装潢都是精心打造、费尽心思，使之呈现理想的品牌形象，从而吸引目标客户群。

设计决策基于市场和品牌的认知和辨识度、设计理念、客户对象——你自己的以及与你设计风格相似的设计师的目标客户。开始进行评估相同层面的市场竞争者，研究他们如何建立固定的客户群。对比其提供的单品、发现畅销款式，你将对接下来的新系列设计开发有更清醒的认识。

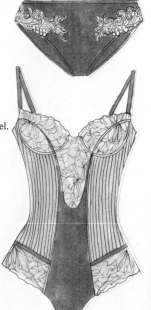

La Perla @ Saks fifth Avenue

Silk Satin Demi Bra
- Underwire cups with contrast floral lace.
- Silk
- $ 298.00

Silk Satin Thong
- Floral lace at hip.
- Silk
- $ 175.00

Lace Bodysuit
- Underwire cups with floral lace.
- Sheer striped mesh bodice with black center panel.
- Floral lace at hips.
- Nylon
- $ 394.00

Lace Thong
- Floral lace at front
- Cotton/Spandex
- $62.00

图3-9 三木川口的市场调研包括精致的贴身款式、零售价格、面料和细节信息。

市场调研的两个必要步骤

第一步：随身带上速写本开始调研高端百货商场。观察不同市场级别中商品的价格与款式差异。找到和你持有共同审美理念和目标消费群体的设计师品牌。尽你所能学习该品牌的一切，了解系列产品，仔细查阅价格标签和商标吊牌。造访它们的旗舰店、独立精品店，与在商场得到的同类调研信息进行比较。

第二步：分析你的灵感设计师的线上系列，回顾他们近年来多季的作品，分析其廓型、风格、色彩、面料的变化。调查各种渠道（商业出版物、官方网站、印刷广告和在线时尚博客）发布的品牌公众形象和设计哲学。

CURRENT COLLECTION SS2011
COLOUR STORY & TYPES OF PIECES & FABRICATION ETC
Featured in this collection are pieces done in typical Rick Owens monochromatic B&W, grey, and tarnished green accents with hints of softer yellow statement collection has moved into a softer, romantic looking style drape, as can be seen dresses and long, sweeping skirts — while still keeping with hard, edgy, stream tailoring that give his jackets such an iconic fit. The fabrications remain signatu blends, luxurious soft leather skins, yet they have a cleaner feel than his othe distressed washed textiles, lending an air of delicate elegance and maturity to th

SAMPLE PRICES
Refer to the detailed price notes included in this report under Company Str for further information.

"I STARTED WITH _ABANDON_. NOW I'M MORE INTE CONTROL,"

MARKET RESEARCH
CATEGORY
My market category is Contemporary, I would like to focus on designing contemporary sportswear that includes a blend of classic pieces with avant garde pieces to create an interesting overall layered look.
DESIGN BRANDS
I'm thinking along the lines of Rick Owens design and philosophy meets AllSaints Spitalfields price points. Deconstructed soft drape juxtaposed with the rigid forms of architectural jackets and over layered top weights.
PRICE RANGE
Prices ranging from leather jackets at $450-$500, longer and more involved jackets and dresses no greater than $700 (but pieces in this category will be few and far between), sleeveless leather vests and smaller/medium sized leather goods at $100-300. Jersey draped items and cut and sew knits ranging from $60-$150, and plain jersey items with elaborate screen prints from as low as $25 to as high as $40. Leather shoes ranging from $100-200, leather accessories such as belts and wallets at $30-40. Overall, my price range would be slightly lower or equal to what I have listed, which reflects current AllSaints pricing.
COMPETITION
Design brands competing in the same price point would be AllSaints and Yohji Yamamoto.
CUSTOMER
The customer can range from collage age women, to more established older clientele who desire comfort, fit, and slightly eccentric style. I want to aim for designs that are wearable by a large variety of people in various stages of life.

图3-10 系列评估、价格和单品细节，以及客户档案都启发着埃莱妮·凯利的系列设计创作。

练习7：市场和客户分析

商场/个人

哪一个市场级别能给你带来更多的设计灵感?

· 比较高端系列及其销售情况。

· 确定你的市场级别和重点领域。

你的系列定位方向是怎样的?

· 找到和你持有共同设计审美观的两位水平相近的设计师。

· 他们设计风格有什么相似之处，又有什么区别?

· 你的设计风格和审美理念与他们的联系?

设计师对比和分析

· 分析店内两个系列；比较廓型、色彩、面料、细节。

· 通过查看主要服装款式的品类：外套、夹克、裙装、衬衫、短裤、上衣，为两个系列确定价格点。

· 注意两个系列的货品范围，判断核心单品款式。

· 绘制目标风格和细节的草图，并进行标注；快速拍摄细节。

线上公众形象推广

· 收集两位设计师的客户、商标、品牌形象图片。

· 注意设计风格和呈现的审美理念。

在线/产品手册——历年各季的设计系列分析

· 比较过去和目前的系列，找出主要廓型。

· 简要分析主要廓型、色彩、设计细节的演变过程。

· 他们都包含了什么单品? 一直使用的廓型和单品表明是最热销的款式。
注意主要单品的范畴。

· 打印并识别不同季、年、设计师的主打产品。

组织调研

在服装设计这种极其需要调研的领域中，从图片编订、草图、信息到材料，对于任何设计团队都是必不可少的。品牌设计公司拥有独立的调研和概念团队，提供各季的目标方向。然而，独立设计师都需要亲自研究并找到最优的组织手段，以最有效便捷的方式进行表达。

通常会使用优良设备和计算机进行图片档案库和桌面文件夹的整理，随即打印与主题或概念相关的图片。将杂志图片剪切黏贴到实际的文件夹中，用于系列设计的头脑风暴，并勾画出相关的指导意见。掌控图片的混合重组能加速你的视觉联想和设计思考的过程。速写本也能用于设计方向的存档、草图深化、按季标记系列顺序——这些都是未来灵感来源和回顾畅销款式廓型的有价值的资源。

图3-11 林薇运用线性图案在时尚图片和矿石结构主题图片之间建立了视觉联系。

分类你的调研结果

创建一个使用便利的档案系统，帮助你将市场调研的信息和图片根据设计方向分门别类地归档。尝试从以下几点做起：

· 概念/主题/季节/设计/理念/消费群体
· 竞争者：历史图片/品牌形象和广告/公司架构
· 市场级别和价格点信息

秀场发布会服装都是关于力量、概念和'信息'。商业服装更注重于实用性，会简化所有在秀场中运用到的元素。

"

——丹尼尔·罗斯贝里

设计方向的视觉转化

无论设计师有着如何让人惊叹的设计理念，仍然需要资金支持品牌的运作和持续地发挥创造力。将秀场时装系列发展成商业化成衣正是出于此原因，在设计师专卖店售卖，然后将元素渗透至受众更广的二线市场，例如副线品牌Valentino Red和McQ。

成功推出让人垂涎的奢侈品、配饰、香水、过渡系列（比如度假系列和早秋系列），这一点意义重大，使得高端时尚得以存活，将创意转化到可穿着的实际层面，既要有十足的创意性，又要对市场的约束性驾轻就熟。

图3-12 尼克·高的目标客户定位是"时髦、先锋、自信满满"。她的早秋系列灵感来自高科技面料和运动细节，以及不轻易被潮流影响的基本必备款。

甚至在纯概念化的层面上，设计不得不服从于价格因素的影响，并且时常需要考虑消费者的立场。你的研究分析蕴含了如何将设计创意与商业实用性有效结合的信息。你的速写本就扮演着视觉试验的角色，用以明确你的系列方向的决策制定。

市场怎样定义速写本的设计方向

你的速写本应该按照市场化的语言与你的设计方向进行视觉化表达：

设计师成衣

更高规格的市场通常需要更具概念性和包容性的设计理念，通过视觉隐喻的方式逐渐融入设计中。

·考虑奢华的、革新的风格和细节，优良品质的面料和辅料，先进的印花技术和丰富的微妙色彩。

中档的/现代的

你的方向性创意将会受到你所从事的设计领域中主题和客户需求、职业或潮流动态、商品企划和销售的影响。

·考虑较高层次市场的接受度、功能廓型、品类组合、舒适性和高科技面料、时髦前沿的印花、具有可穿性的色彩和亮色。

大众市场/主流

中下层市场的价格定位、功能、可穿性、主题，都是你主要的调研重点，你的设计必须是衣橱必备款。

·考虑休闲、实用的衣橱必备款，类似的风格和细节，舒适且易于打理的面料，明亮的图案以及常规的、有趣的色彩。

如需阅读更多关于市场因素影响设计开发的内容请查看第4章。

图3-13 个人速写本

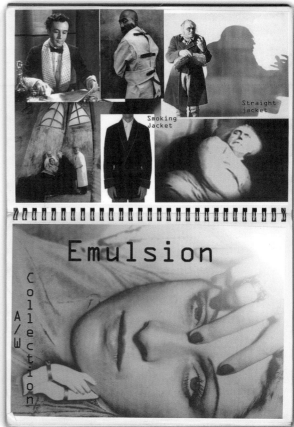

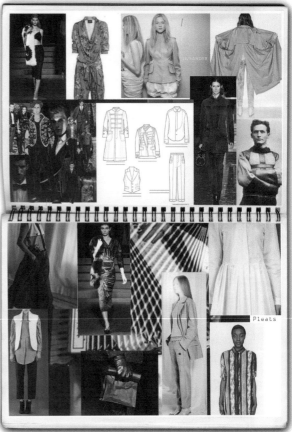

图3-1

练习8：设计方向的视觉转化

设计方向的视觉转化过程中涉及图片、草图、文字的整合，有利于形成系列的初步想法，推动下一步的开发。

挑选并移动图片至工作台面（桌面、木板、钉板），对关键要素进行重组和编排。松驰有度地组合图片、草图、参考资料可以帮助你传达设计概念。你的目标是将独立的设计想法联系起来组成概念主题。

你的设计方向应当包括如下视觉要素：

· 核心的概念想法和当季主题

· 确定廓型和细节的文化的、风格/趋势影响因素

· 客户/缪斯——她的形象应匹配你的系列风格/姿态

· 符合设计方向的草图、当季主打色、面料和印花，用于传达概念和主题；标注描述性文字。

将你的试验聚焦于一个设计方向。当以上部分成型，你可以开始准备新的阶段性计划了。通过一系列的页面表达你的重要研究元素、情绪、灵感到设计系列的综合方向，正如以上页面的范例所示。

首先请查阅第4章，了解速写本的选择方法和使用技巧。

图3-14 两位20世纪早期的先锋艺术家曼·雷和罗伯特·魏内的思想被伊桑·兰尼诺运用到其系列设计概念中，启发他的设计方向和对当代时装的研究。

旅行家娜玛·德科托斯基，出生并成长于以色列，获得了FIT服装设计专业的艺术学士荣誉学位。在FIT，她获得了CFDA（美国服装设计师协会）的荣誉奖学金，曾在瑞德·克拉考夫（Reed Krakoff）和唐娜·卡伦（Donna Karan）等品牌实习。在担任依盖尔·埃斯茹艾尔（Yigal Azrouel）的高端运动装系列的助理设计师两年之后，娜玛目前供职于Shoshanna，负责成衣和晚装系列。

图3-15

访谈：娜玛·德科托斯基

什么可以作为速写本的有力起点？

"聘用者会经手数不清的候选求职者速写本，在其封面页上放上你的名字会是你给雇主留下印象的第二个机会。你的首页应当是你系列设计的精华——第一张手稿会直接将你的审美观、设计方向和手绘能力一览无遗地表现出来；再添加一两张与时尚无关的图片说明你的设计主题和关键词。如果没有类似的设计思维，设计将会变得异常艰难。除此之外，我认为灵感来源也非常重要，它来自生活的方方面面，而不单指时尚。"

服装设计速写本有没有什么既定的公式呢？

"这是你自己的速写本——它就像是你身体里孕育的婴儿，所以你真切地想要它闪光。没有一个既定的公式可以让你格外地突出。无论如何，让自己处于最舒适、最自信的状态，这将会展现出你最好的一面。如果感觉自己擅长绘制裙装和外套，也许你应该记住'这就是我擅长做的事情，因为这是我最为热爱的'。因为通常来讲，你如果热爱某件事情，就会尽你最大的努力去完成它。"

速写本在求职面试中担任着怎样的角色？

"速写本正是你获取面试机会的最重要的依据。因为它能够表现出在最后作品集里不能展示出的实际设计过程。然而在这里，观者可以看到你究竟是怎样开始系列设计的，并且能知道你和他们是否具有相同的设计观点和审美品位。"

你职业生涯的成败部分归功于你是否有计划性地开始工作吗？

"当我选择来到这里的时候，就抛弃了原有的一切。因此，我不得不开始规划我的职业生涯。在学校的时候我时常会思考将来我会为怎样的设计师效力，然后我开展调研并列出一系列对我有所帮助的公司名单。接下来，我就需要全身心投入我的设计目标。我获得了在依盖尔·埃斯茹艾尔百货公司（Yigal Azrouel）的工作机会，这也算是我个人第一份与之相关的工作。同时我也认为人脉关系和速写本、作品集具有同样重要的地位。"

在线点击观看娜玛·德克托斯基的更多个人作品和访谈视频：

www.bloomsbury.com/rothman-fashion-sketchbook

图3-16娜玛·德科托斯基的作品集——使用马克笔和彩色铅笔绘制的人物效果图。

图3-17

还在FIT读书的时候，丹尼尔·希尔弗斯坦就曾拥有大量的实习和海外学习的经验。第一次听说"零面料浪费"的设计概念时，丹尼尔就感到非常兴奋，他渴望以自己零浪费的理念方式挑战对浪费不计后果的行业惯例。在2010年，21岁的丹尼尔获得了服装设计专业的荣誉学士学位顺利毕业。同年，丹尼尔与他人联合发布了系列设计"100%NY"。在成功入围NBC真人秀节目《时尚明星》的决赛之后，他在纽约顺利推出了以自己名字命名的个人品牌"Daniel Silverstein"。

访谈：丹尼尔·希尔弗斯坦

在你设计的过程中会使用到速写本吗？

"只要我一有灵感就会拿出速写本，然后在速写本上描绘出来。当我进行创意思考的时候，随着写写画画我能很随意灵活地进行创作。创意思考会非常具有挑战性，因此，无论到哪里工作我都把速写本随身带着，这样做对我来说很有用处。我还会使用磁板，这样当我设计的时候就可以随意移动图片。"

什么是你的设计理念或哲学？

"我做设计的关键原则之一就是责任感。对我个人来说，零浪费就是具体的方法运用，比如制作纸样、裁剪和思考，不仅仅是考虑价格或者外形。任何设计师都能做到这点，但是仍然极具挑战性。其次，就是体贴地站在客户的角度进行设计。我看到一位时髦、性感、颇具风格的人物，她渴求关注，我想帮助她从人群中脱颖而出，所以提供的每个款式均符合她的体型特点和年龄，可以说是面面俱到。"

你会将你凭直觉获取的灵感变成一个系列的主题吗？

"当然。任何打动我的事物，我都能从中找到灵感。一本关于鸟类的专题摄影集曾作为我整个系列设计的灵感来源。我甚至可以从一部已经忘记名字的电影里面的一句台词得到启发，将它转化为原创印花图案，再将其运用于另外一个系列的畅销设计单品——将客户热爱的事物以新的方式呈现出来，这也是很棒的方法。"

在线点击观看丹尼尔·希尔弗斯坦的访谈视频和速写本：

www.bloomsbury.com/rothman-fashion-sketchbook

图3-18

图3-18 丹尼尔·希尔弗斯坦的设计工作室——2013秋季系列。

图3-19 丹尼尔·希尔弗斯坦——锡灰色脊椎图案女裙，2014秋（右）。摄影师：梅根·多诺霍

图3-19

"在实习的过程中，我正好碰上设计团队有一个新的职位空缺。我的作品集足够完美，但是他们想知道我是如何完成这些设计的。正是速写本让我得到了工作机会。"

——莱恩·奥坎波，Michael Kors设计师

第4章

设计开发：草图阶段

制作速写本是一个通过反复试验让工作得以进展的过程——不仅仅是其中一个项目。速写本有助于设计开发并实现你的创意想法。这是一个视觉转化的过程，将你的草图和联想与初始目标方向、目标客户进行协调。你不仅仅是将已有的工作成果存档，也创建了一份你怎样实现最后系列设计的生动文档。

速写本草图概括地展示出你的设计思维，也能理想地展示你作为设计师的身份。得益于速写本的双重角色：开放的设计空间和个人设计实验室，你能学会连续地思考和工作，并且发现怎样避开创意瓶颈进行设计。速写本能提供给你这个机会，学习怎样最好地展示你作为设计师的资本（第5章）。通过评估其他人如何进行设计的过程，你也许能发现更多解决困难的方法并形成你自己独特的风格。

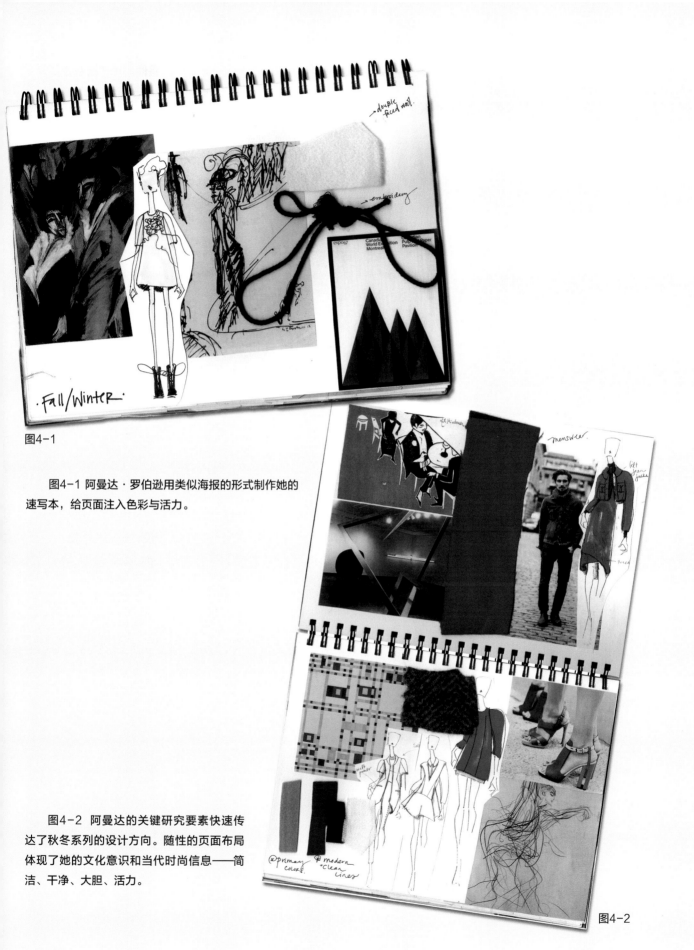

图4-1

图4-1 阿曼达·罗伯逊用类似海报的形式制作她的速写本，给页面注入色彩与活力。

图4-2 阿曼达的关键研究要素快速传达了秋冬系列的设计方向。随性的页面布局体现了她的文化意识和当代时尚信息——简洁、干净、大胆、活力。

图4-2

> **"** 我总是随身携带速写本。满橱柜的速写本都是我多年来为每一个系列制作的。它们真的为我提供了极佳的资源。**"**

——尤兰达·海宁，Joe Fish 设计副总监

速写本的选择

开始挑选一本专属于你自己的新速写本吧，能记录关于你整个设计开发的过程。它的主要功能就是用于工作，所以挑选一本好用而且与你的设计匹配的速写本吧，留下足够空间进行设计试验。为了方便携带，考虑从20cm×255cm到22cm×30cm之间大小的速写本。如果你还想有更多的施展空间，可以选择28cm×35cm的，虽然显得有点笨重。对于速写本的装订方式，考虑

对你适用的类型：

· 横开本有足够宽度来绘制横向的速写人物

· 竖开本有足够空间进行纵向表现

两种开本都适合从左至右的阅读习惯，正如大部分书籍，也适合从上到下，就像流程图。

图4-3 埃莱尼·凯利的横开本速写本提供了足够的空间进行款式的充分拓展，按品类整理成秋季的组合，为最后的色彩选择做准备。

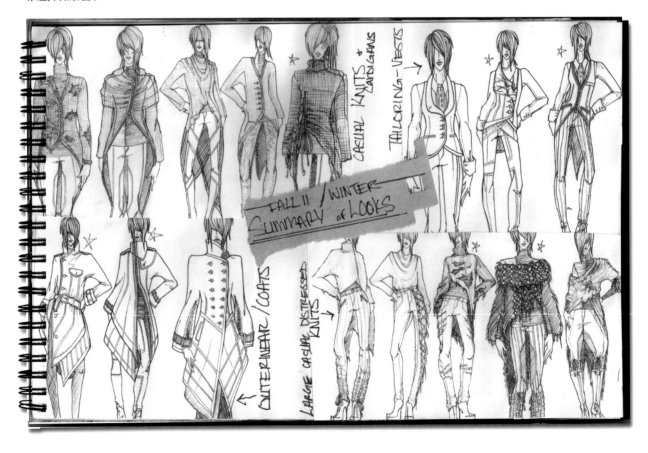

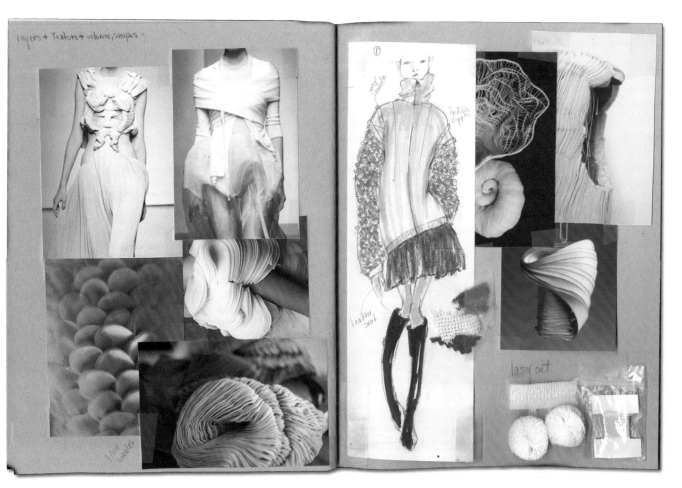

图4-4 充分使用竖开本的速写本，安德雷纳·吉米尼兹通过将原创灵感图像和时装图片进行组合，展示她的概念方向，便于下一步的草图开发。

易于使用当然是首要考虑因素，所以，确保纸张牢固地连接和装订，同时所有页面都能平整地摊开。检查纸张是否适用于马克笔和水彩颜料（最小纸张重量：65克），且不会渗透和起皱。你大概已经知道你对灵感/调研速写本的喜好，以及最适合自己的材料。

除了根据经验购买新的速写本，你也需要提前考虑最有效的工作方式：它是直接表现在你的页面上，还是你更喜欢在本子外进行创作，然后裁切和黏贴？想一想你怎样在速写本上组合所有元素——是使用全部还是部分空间？当视觉元素不平衡的时候会感到心烦吗？或者你可能更喜欢留有些许不完美？

速写本的标准

设计开始于试验和联想。因此，在你通过从产品实践的角度考虑设计创意前，先允许它们自然成型，拥有自己的"生命"，就像开始制作个人速写本日记那样。创新可能来自于任何时候产生的想法。无论你如何完成它，利用速写本进行工作将会变成你自己的设计故事——关于你的内在创意过程的视觉日志。当然没有既定的现成公式，但是你可以利用历经时间考验的标准，帮助你整合和聚焦你的设计创意。我建议通过速写本的绘制过程，找到最适合自己的工作模式。然后，当你整理创意并将其转化为连贯的系列时，你将会发现需要改进和再次设计的地方。你会知道自己是否拥有足够清晰的指导路线，以保证工作顺利进展，或者你可能需要回过头去将研究结果中的其他元素补充进去。

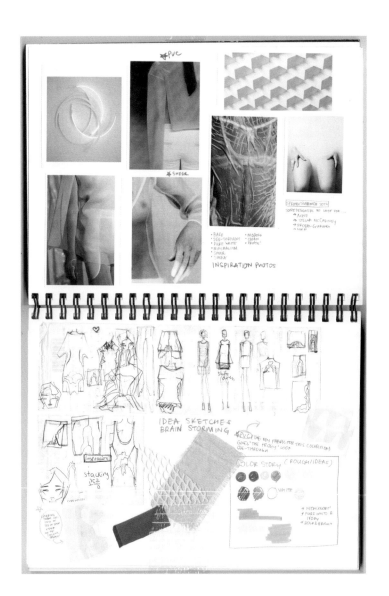

> **"** 如果你不能够有序、流畅地描述你正在做的事情，那么其实你并不清楚自己在做什么。**"**
>
> ——爱德华兹·戴明

图4-5 房素妍使用活页速写本自由地探索设计方向。

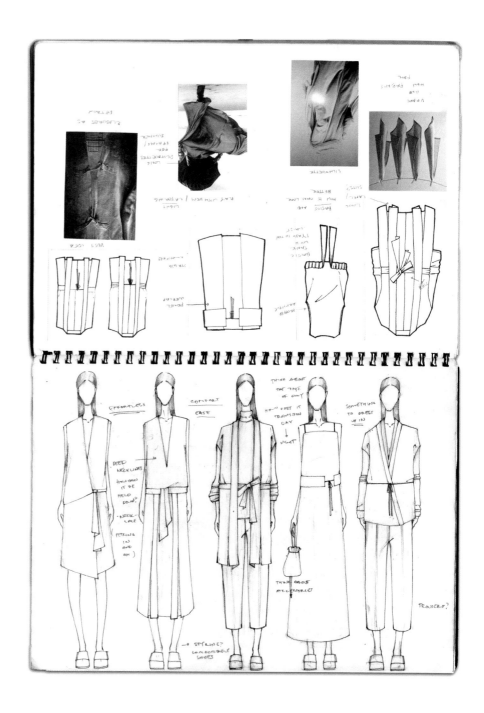

图4-6 荷西·卡马乔的速写本页面中，设计草图和相关图片以及款式图之间缺失连贯性，布局形式不统一。

连贯的页面布局

连贯的页面布局能让你突破创新瓶颈，传达必要的视觉信息并聚焦思维，用以了解设计的整个自然进程。在一本具有整体性的页面布局中，每一页都相互关联，承前启后，不会留下空白。如果打算采用横开本的布局方式，那就应当贯穿整本速写本，随意改变内容的排列方向将会打扰观者的注意力，并且会扰乱视觉效果的流畅性。

设计过程的连贯性

按照逻辑顺序进行设计思考的能力可以帮助你完成概念故事的推进，并将所有设计元素串联起来。即使你的实际设计过程并没有按照顺序进展，速写本也要视觉化地展现整个系列设计的演变过程。在此过程中，你要说明你是谁，然后描述什么事物给你带来启发，以及交代调研和客户是如何决定你的设计方向的。当主题概念逐渐在速写本中成型，你再结合最初的手稿、情绪、色彩、面料。你可以看到它们彼此之间是否能很好地匹配，因此你得以判断出哪些创意可以继续深化。这个过程非常有用，让你不至于偏离轨道，帮助你顺利获得最终的面貌。

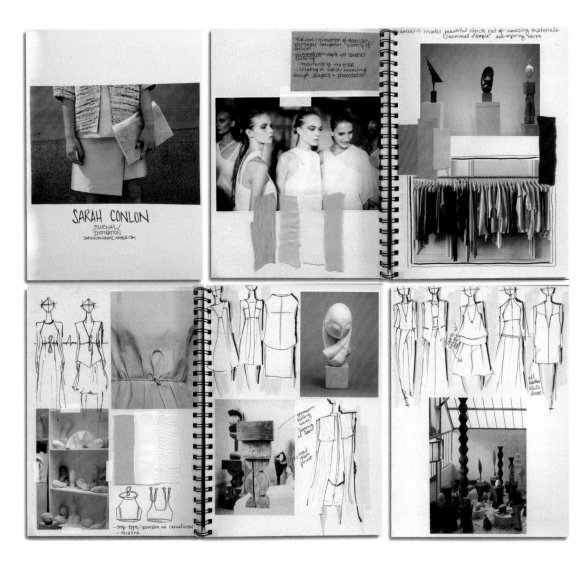

图4-7、图4-8　由于一个清晰的设计计划和有序的实施过程，莎拉·康伦塑造了一个强劲的、清晰的品牌形象，通过一系列统一且紧凑的页面布局将设计主旨和内在审美完美地表达出来。

在线查看莎拉·康伦的全套速写本：www.bloomsbury.com/rothman-fashion-sketchbook

速写本演绎过程的必备内容

概述

· 封面页——身份、审美、品味层次

· 设计哲学/理念——简明扼要

· 客户群范围

设计方向——按系列或发布日期

· 标题——季节和主题

· 一手资源调研——非时装类的灵感图片

· 二手资源调研——有影响力的时装类图片

· 目标探索——手稿和面料

· 设计规划、商品企划要点、设计说明

从概念过度到设计过程——按系列

· 色彩灵感和色调板

· 不同克重的面料及它们之间的关系

· 设计开发草图、立体裁剪操作过程

· 初始编排过程，局部

· 最终的系列编定，按照色彩和面料排序

· 手绘平面款式图，突出关键设计细节

· 手工艺，面料再造；结构/纸样绘制

· 造型——与设计图相符的发型、妆容、配饰

请阅读练习7，了解不同市场级别的差异化营销策略。

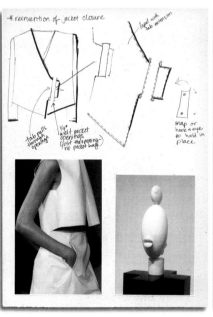

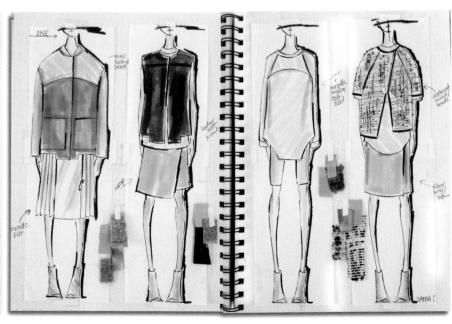

从设计方案到行动计划

当你急切地想要开始设计开发的时侯，应该抓紧时间制定设计方案和创意目标。这些能随着设计开发的过程进行修改，如果你的方案基于绝佳的系列策略和销售决策，行动计划就扮演了设计备忘录和实用编辑工具的角色。若是对于一个项目或是比赛，那就更应紧扣行动方案。

即使尺寸和比例极大程度地进行了缩小，还是建议你在最终的成衣系列中保留一定比例的秀场款。用学过的知识比较系列款式的协调感与节奏感，制定核心营销策略。学习好的编排手法，比如，使用相同的色彩、面料、廓型打造出系列全部款式的缩小组合。这些设计方案的具体使用依托于特定的零售人口统计数据和客户偏好。寻找一个最新发布的具有层次感和丰富细节的服装造型，分析其往季的核心款式廓型。

> **怎样确保设计系列引起反响，并且完整、即时，这都是设计师的职责。**
>
> ——丹尼尔·希尔福斯坦

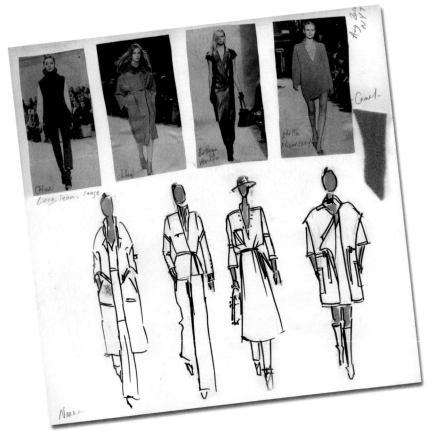

图4-9 娜玛·德科托斯基通过创建核心款的微型组合进行系列的设计开发，而不是设计没有关联的单品，整体风貌和姿态与她最初的设计想法相符合。

设计方案指导纲要——女装运动系列作品集

奢侈品牌/设计师品牌成衣

· 至少展示秋冬和春夏两季成衣系列，以及一个小型过渡系列，例如假日系列、度假系列、早秋系列。

· 15~20套服装能涵盖一个从日装到晚装的系列；由7组服装造型组成的过渡系列也许可以使用统一的设计元素，比如针织衫。

· 核心款式：外套、夹克、梭织或针织上衣、短裤、衬衫、短裙、连衣裙，都可以根据不同的季节或客户变换搭配；通过少量创意款式进行强调，比如夸张的皮草、极端的廓型、舞会礼服。

时尚品牌/二线品牌

· 拓展秋冬和春夏两个主要系列设计，以及第三组过渡系列，例如假日系列、度假系列、早秋系列。

· 每季大概发布7~10组服装造型；过渡系列（7组造型）可以以平面的为主，重点进行商品企划（比如宣传手册）。

· 核心款式：百搭外套、夹克、梭织或针织上衣、短裤、衬衫、裙装，都可以根据季节、客户和地区差异进行变化，例如牛仔。可以对畅销款进行微调，贯穿于所有季节中，以反映市场潮流，同时，可以将核心款与潮流款进行组合搭配来销售。

图4-10 丽贝卡·霍曼通过三张精心组织的页面整理了她核心的设计方向信息，熟练地结合了情绪、概念、视觉主题、销售方向和面料故事。丽贝卡的设计方向清晰地体现了她自身的设计理念，在设计开发过程中没有偏离轨道。

" 设计不仅是外形和感觉，它还关乎如何运作。 **"**

——斯蒂芬·乔布斯

练习9：你的设计方案

1. 根据以上概要，再次进行市场调研、系列观察及对比，并基于设计方案作出决策：

·当季发布日程表

·系列策略

·销售注意事项

2. 通过制定实际指导方案拓展你的设计方向（第3章，练习8），需反映出目标市场及客户生活方式的需求及相应的商业实际情况。根据个人项目的差异，在对系列进行商品企划的过程中，有一定的灵活度及变量：你的客户、季节、设计核心领域、设计哲学。

3. 在速写本中列出项目核心款式。简单明了的规划能极大地帮助系列开发，提醒你在规定的设计过程中保持设计组合的一致性。

4. 粗略记录关键的设计方案描述和说明，解释设计观点，并将它们与相关的视觉调研和企划策略联系起来。

将概念转化成设计

视觉隐喻的作用是用速写本进行表达的关键。通过展示你大脑中灵感图像与设计观点的联系，你会建立起视觉联系，即能清晰地表达你的设计观点。设计的同时也能够为你解释创意实现过程。如果不能清晰地结合起来，速写本也不会清楚地展示你的设计过程。速写本的概念图片本身并不能传递你的思想观点，而你正在创建的联系或许能解释它们对你设计思维的影响。

当你将面料和设计草稿、灵感图片结合的同时，你就已经赋予了其概念意义。词汇列表或注解能够解释出在视觉表达中可能会遗失的信息。

❝ 视觉隐喻的作用是用速写本进行表达的关键。❞

图4-11 弗里德·奥兹索依通过清晰的视觉联系展示概念到创意设计的转化过程，即使速写本中图片占据的比例超过了她描绘的精美效果图。

图4-12 杨永勋特别的创意思维将视觉隐喻转化为原创设计，深度展现出他以昆虫为灵感设计的夹克衫。他将昆虫的外部骨骼转化为坚硬的面料肌理，将昆虫的身体结构进行解构作为廓型和元素，最后组合成一件极具创意的服装。

图4-11

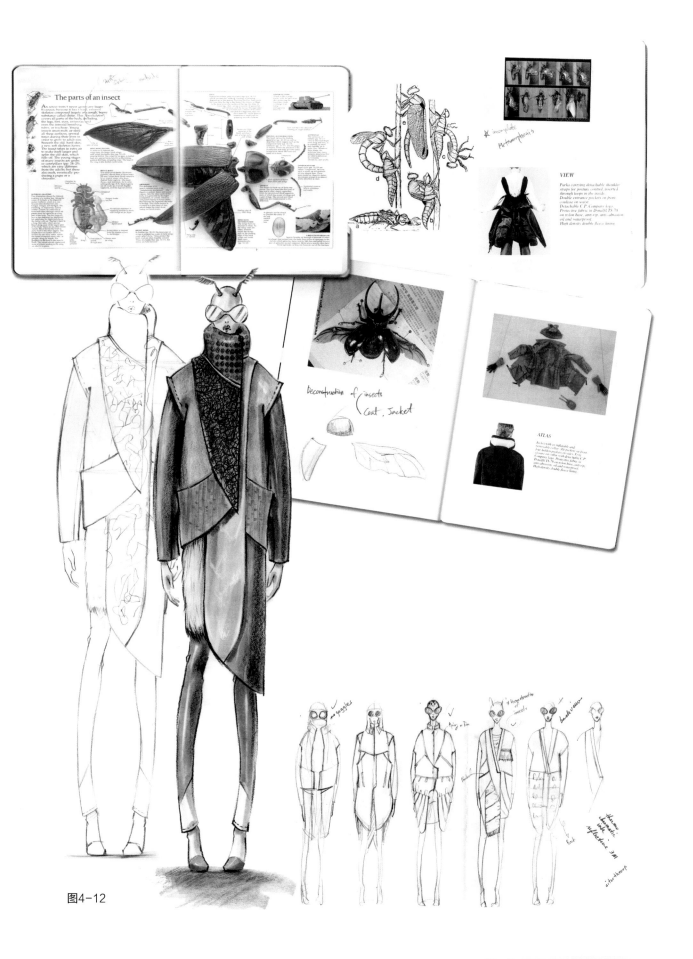

图4-12

图4-13 安娜·哈特·特纳（上图）将设计概念转化成颇具奇异感的设计风格。卡特·基德对二维几何造型的视觉联想（中图），启发了他有关位置和细节比例的新想法。丹尼尔·希尔弗斯坦的创造力（下图）体现在不同比例和功能方面的视觉隐喻。

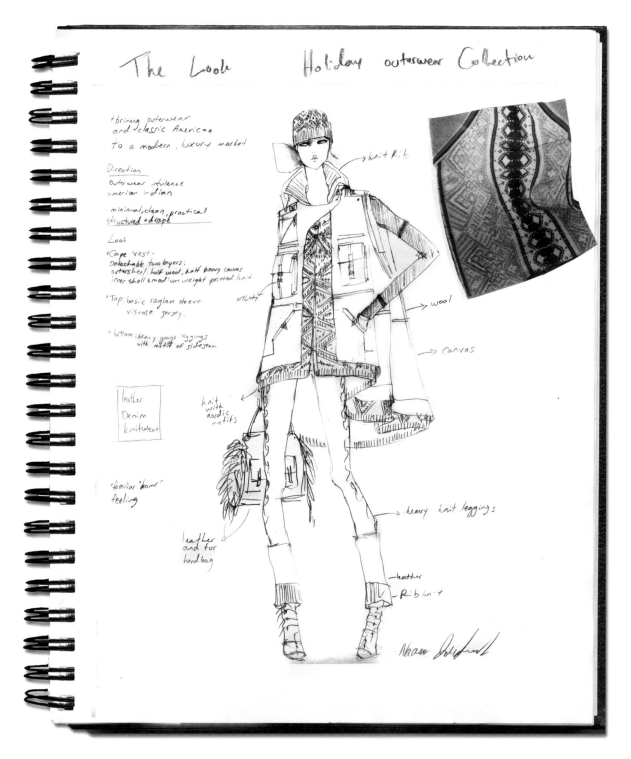

图4-14 娜玛·德科托斯基在速写本上展现她假日系列其中之一的外套款式，姿态十足，并附有详细的工艺说明。她的概念方向表明她同时兼顾设计的商业性。北欧风格的图案是整个系列设计的基调，方向性的说明便于下一步的开发。

请在线点击查阅娜玛·德科托斯基的完整速写本：www.bloomsbury.com/rothman-fashion-sketchbook

通过色彩和面料表达主题

你为设计系列所选用的面料应当符合一开始的细节概念，比如立裁、肌理、图案、体量、色彩和明度。面料故事应该蕴含明晰的色彩脉络，并将肌理和织物克重与色彩亮度和色阶结合，确保系列实现多方面的平衡。视觉隐喻基于主题图片的情绪态度，再结合协调的色彩、肌理和图案，帮助你讲述色彩和面料的故事。人们对色彩的反应通常迅速而直接，加上季节性和情感性的结合，更易于传递概念意义。

一个多样化的、由概念启发的色彩板能连贯组合不同的面料，在实际设计中增添丰富感和激发情感共鸣。色彩和面料都是代表个人品味的"晴雨表"，能细致地表达出你所作出的设计选择，设计意识越具有深度且精炼，品质越是精致，同时富含情感。

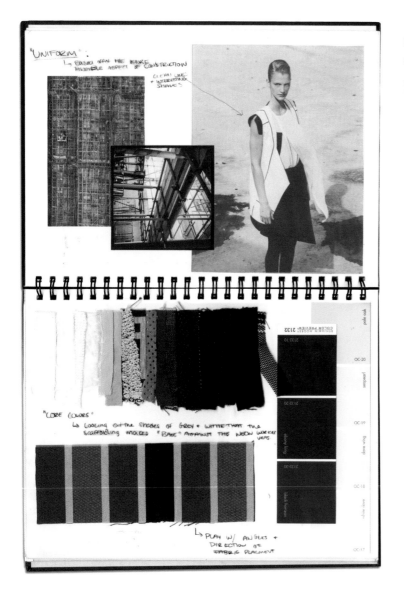

图4-15 马修·哈伍德斯通的面料故事依据基本销售款式展开，从白色、灰色到黑色，肌理各不相同。两页图片的视觉效果和文字标注使他的设计思维能被即时理解。

> **"**
> 在设计之前我把所有色彩和面料堆放在一起，真切地感受如何去运用面料，并且尝试在脑海中构建出服装的样子。**"**

——马修·哈伍德斯通

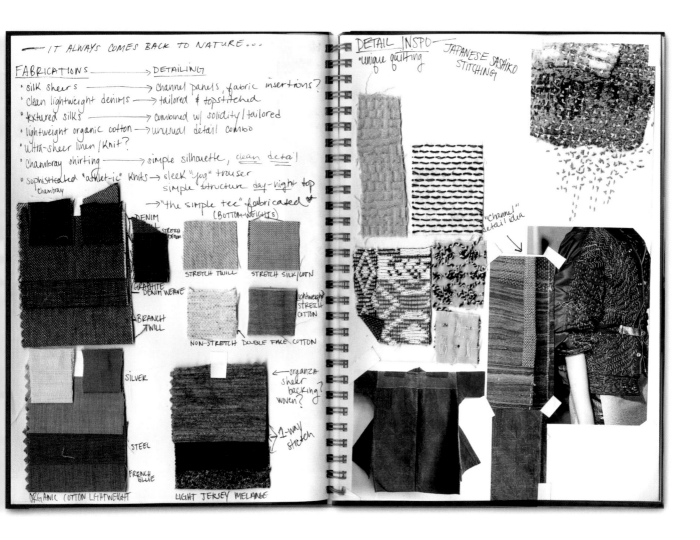

图4-16 丽贝卡·霍曼的面料板充满了设计感且兼顾商品企划的方向。她利用面料的色彩和肌理信息表达"回归自然"的主题，并通过独特的绗缝手法和日式刺绣线迹加以强调，这是如何通过面料来表达设计概念的绝佳案例。

打造面料故事

　　基于人口数据和季节更迭，一个系列应该反映出季节的变换：从干燥的秋日到酷寒的冬日，从春日阵雨到夏日骄阳。在合适的价格范围尽量挑选不同种类的优质面料，考虑克重、梭织、针织、肌理、图案、印花等因素，满足各类服装的功能需求。保持协调的色彩和面料在所有市场级别中都是基本的要求，它指导你的系列设计故事并且平衡核心面料的使用频率。同时，展示你的新想法，包括有趣的面料组合、面料改造，原创针织线迹，或者源于主题图片的印花。

图4-17 茱莉·罗斯·罗马诺确定了以弗朗西丝·霍奇森·伯内特所著的儿童故事书《秘密花园》（*The Secret Garden*）中备受喜爱的女英雄玛丽·伦诺克斯为系列的主题形象。

" 玛丽诉说到自己的孤独和失落都源自于父亲离开人世的悲痛之情，这种情感作为我的秋冬系列的主题核心基调。这些感受通过身体的温热和舒适的羊毛外套、厚重针织，再次转化为追寻情感慰藉的温暖——我的'玛丽'式面料设计。另一个主要角色，迪肯，让我从家庭手织品中找到关于色彩和面料的灵感，具有英式乡村风格的柔软羊毛格子呢和人字纹花呢面料让人感觉到安全和舒适。"

——茱莉·罗斯·罗马诺

练习10：通过色彩和面料表达主题

考虑如何使用色彩和面料表达情绪和隐喻：

· 色彩——不同纯度和明度：红色、橙色、黄色最吸引眼球，具有向前、聚拢的作用；蓝色、绿色、紫色则给人安宁、冷酷、放松的感觉；白色和灰色给人简单和纯洁的感觉；黑色代表了穿透人心的力量感；中性色则意味着稳定和调和；高纯度色彩醒目而跳跃；深色则有向后退的感觉。

· 面料手感和表面处理——柔软、生硬、弹力、块状、光滑、透明、密实、松软、细腻、粗糙、干燥、褶皱、光泽。

· 情绪反应——可触摸、可信赖、微妙、舒适、安逸、幻想、珍贵、熟悉、隐秘、保护。

· 可穿性——面料如何穿戴、清洗，以及身体对之的感应。

· 织物创新——科技进步、可持续性技术。

从关键视觉要素中选择一组色彩，开始你的面料探索之旅：

· 了解客户的品味和需求。

· 选择高品质的面料塑造廓型，并进行立体裁剪，定义当季主题；描述它们的特质。

· 基于设计方案或季节将它们进行有效分组。

· 将面料进行组合，展示色彩的流动感，将较深的颜色和底布至于页面下层，将较淡的颜色和强调色至于页面上层，取得平衡效果。

· 互相强调对比元素；如果面料颜色相似于背景色，它会减弱视觉效果。不要在黑色背景之下使用黑色面料，同理白色背景也不要选择白色面料。

· 将定制面料小样进行漂白、套染、刺绣、绗缝等试验。

· 从你自己的艺术作品、照片、公开图片或随意图案/肌理中找出元素制作原创印花图案；使用软件进行图片处理或改变比例尺寸。

设计开发：重中之重

这是故事中我最喜爱的一部分，在你的工作过程中，你将我带入其中。如果我只能为你提供一则关于设计开发速写本的信息，它就是：设计是一门微妙的视觉语言，你必须表达清楚，让合作的各方都能理解清楚。你对比例的概念必须是始终如一的，即使在最初的手稿中也应体现出来。通过将你在目标调研中发现的图案意象和比例进行重组搭配，你急切地想要拓展、推动你的设计向前发展。为了让你的系列成为一个统一的整体，每一件服装都应该被视为整体中必不可少的一部分。

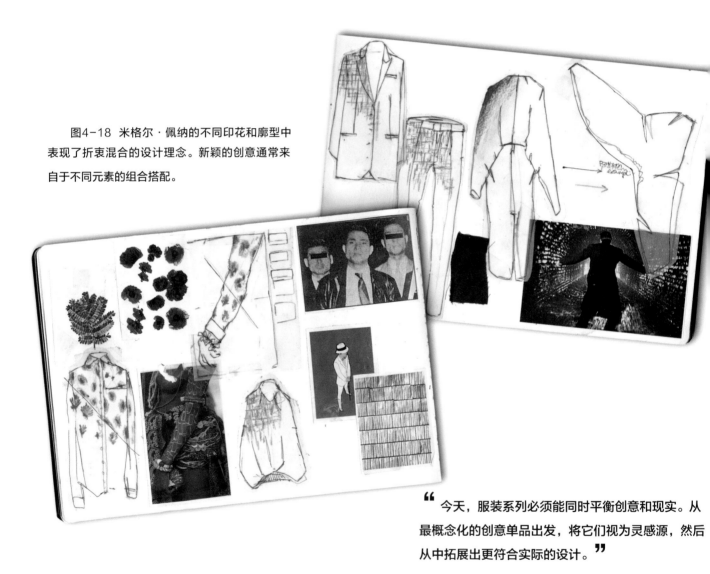

图4-18 米格尔·佩纳的不同印花和廓型中表现了折衷混合的设计理念。新颖的创意通常来自于不同元素的组合搭配。

> 今天，服装系列必须能同时平衡创意和现实。从最概念化的创意单品出发，将它们视为灵感源，然后从中拓展出更符合实际的设计。
>
> ——斯蒂芬·史迪波尔曼

> **设计过程中必须兼顾商业现实。如果你在设计的时候感觉到创意过程和服装功用方面存在冲突，那一定是什么地方出了差错。**
>
> ——丹尼尔·罗斯贝里

初步开发

设计开发是一个循序渐进的过程，将视觉研究资料转化为廓型、比例、线条和细节。它关乎当时的情绪状态，可能某个时刻涌现的概念，但人的思维始终都没有定论。保持开放的心态，从不同角度审视你的概念主题，认识到错误的起点之后应尝试更改设计方案。概念应该留有足够的空间进行修正，在开发过程中挑选不同方面的主题，直到找到最具有广泛设计可能性的方案。

按照组合的形式思考你的系列设计、主题及各章节，以不同方式解读每一部分的设计故事。缩小注意范围并转变你的设计日程，将时间和精力细分到每个由5~7套服装造型组成的围绕同一个主题开发的小型系列中去。每一组合都能作为小型系列，同时也是完整系列的一部分。在设计过程中确认你的设计方案是否进入正轨。

定向调整

将概念观点转换为设计系列的方法之一就是根据你的设计理念与客户反馈不断地调整、修改你的原始手稿。协调好一个系列的廓型统一性后再开始下一个，不断地循环往复。也许在将概念融合成一致的设计语言之前，需要50张或更多的草稿试验。不过，如果你不能将最初让你兴奋的设计创意向前推进，也许你现在应该先把主题放一边，而将重心转移到能提供更多可能性的设计理念探索中去。

图4-19 卢巴·金娜斯维奇根据最初的意向图和设计草图进行款式开发。

廓型

廓型和体量对于整个系列具有绝对性的主导作用。通过在概念或视觉主题中发现廓型的影响，你将找到有效的设计起点。廓型确立了统一的设计背景，在此之中即便是你即兴创作的比例和线条都能表现出设计语言的连贯性。例如，娜玛·德克托斯基采用三角形作为指导框架进行设计开发。她说："保持纯粹能让我真正找到每一件单品的出发点。"

大小变化

通过从概念主题中寻找关键元素，将整个系列统一起来。比如独特的造型、印花、细节或装饰。在你系列设计的不同服装品类中不断重复大小变化的统一元素。通过其位置和张力的不同变化，创造各款式之间的平衡性与活力。凯特·李的原始灵感来源于深海头足类动物，通过把控扇形线迹、立体的细节和褶裥的大小变化，使之形成一个统一的系列。

抽象设计

如果你想把抽象的概念或情感转化到设计中，正如本书前几页朱莉·罗斯·罗马诺所展示的一样，你可能想要探索发现潜在可用图形的不同视觉表达方式。尝试绘画或查阅现存图片中的元素，重新构建廓型和细节，将其重叠来发现不同之处，或者组合不同图片中的图形，就像林晓快速开发设计草图一样。你的主题图片应包含丰富的元素，适用于相应的款式和结构线，在图案和印花中进行呼应，或是调整元素的大小，用于刺绣或装饰设计中。

图4-20 林微以绘制抽象廓型为出发点，然后在速写本上反复试验探索比例和结构。

不可为之

· 过度思考——视线聚集在细节之处而忽略了设计的整体性。

· 过度设计——过度重复使用某一元素；在设计中平衡繁复和简约两者之间的关系。

· 过于表面——避免完全根据调研内容进行模仿设计，或者桎梏于时尚潮流、经典时装。

· 缺乏统一性——将不相关的设计元素与概念或主题结合。

· 尝试同时进行分析和创作——打断灵感思路；分析和创作是不同的心理活动过程。

图4-21

图4-21 娜玛·德克托斯基作品。

图4-22 林晓作品（右图）；凯特·李作品（左图）。

图4-22

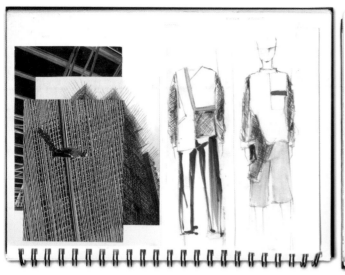

图4-23

图4-23 马修·哈伍德斯通的设计开发过程基于大城市的结构，以干净的线条和趣味图形为灵感；他的设计定位于高端市场，但也适于中端客户。

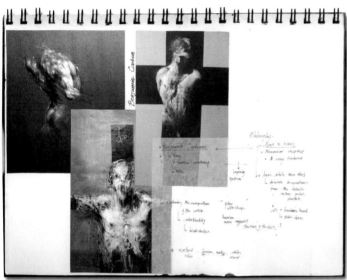

> **"**
> 一件服装越是精致，越是容易让人有穿着的欲望。**"**
>
> ——丹尼尔·罗斯贝里

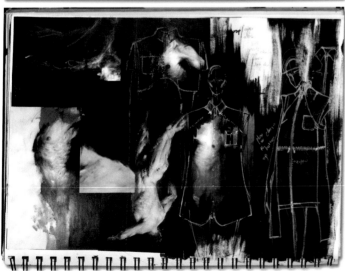

图4-24 彼得·杜的速写本拓展以艺术性的表达著称，但也注重设计的内在逻辑和奢侈运动装的目标客户群的定位。

图4-24

设计的"自下而上"

无论是古典风格或者先锋派，服装设计的本质始终都是创"新"，即不停地将设计观点注入系列中。高级定制或者创新型高端设计师的灵感风格，影响着业内各个市场级别。近年来，角色似乎发生了颠覆性的转变，热情洋溢的商业街头风格已经直接影响了高级时装的发布会系列。所以，无论怎样的市场定位或项目标准，你都应该注入新鲜的观点。例如，主流设计团队想让你同时结合高级审美趣味和他们的大众市场设计策略。

设计开发的市场指南
奢侈高端市场

· 概念化设计过程和个性化艺术表达。

· 概念款转变为更具穿戴性的生活装系列。

· 从日装到晚装，包括所有的设计风格。

· 从手稿、设计说明到奢华品质面料，记录自然、即兴的设计开发过程。

· 标志性款式的效果图、比例平面图、示意图。

大众市场

· 最新时装秀趋势解读，同时考虑品牌的审美理念、预算的制约。

· 不同季节的商品根据主题演绎；按季设计、按月发布——要求主题和色彩故事

· 统一的实用服装品类，范围从职业装、休闲装到正装，由客户、销售状况引导趋势和设计。

· 手绘效果图、设计说明、趋势面料和色彩。

· 附有细节说明和商品企划的比例平面图、示意图。

图4-25 "Dan"——袁永力的速写本开发给他带来新的观点，用于创作秋冬作品系列。

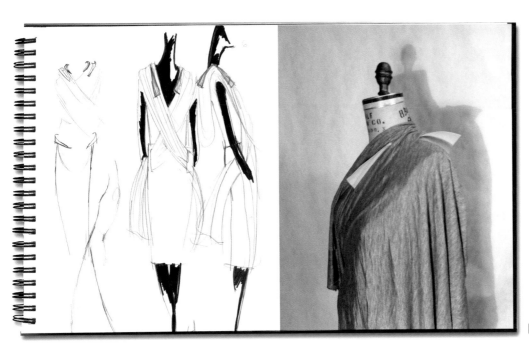

图4-26 劳伦·塞纳
通过草图绘制和立体裁剪
的结合，将她的概念注入
发布会系列作品中。

图4-27 塔丽莎·
阿尔蒙特在中央圣马丁
的"白色"系列中，加
入了她的立裁造型图片。
为了创造新的设计想法，
她还运用了叠加手绘、剪
裁、拼贴的手法。

图4-26

> **保持简洁。去除一切干扰线条的因素。**
>
> ——克里斯托巴尔·巴伦夏加

设计开发的方法

设计师从造型、线条、立裁等形式中进行探究，使用以下其中一则技法或组合运用：

· 立裁——用布料直接在人台上进行立裁试验。

· 解构/重组/拼贴——各类技巧。

· 过程速写——直接在纸上画出设计概念。

图4-27

解构/重组/拼贴

通过重组图片获得核心廓型是另一种设计开发的可行方法。就像塔丽莎·阿尔蒙特直接用钢笔线稿绘制的效果图，或者通过重叠描绘的方式，对廓型、体量或细节进行修改。对一张服装的照片进行解构、裁剪和重组各个部分，可以提供一些新鲜的设计创意。通过这样的设计过程，你的概念将与服装款式紧密联系在一起。

图4-28 尤金妮亚·斯威罗蒂探索不同的版型和廓型，通过立裁试验进一步开发设计观点。

立体裁剪

立体裁剪的试验在你将概念转化为速写手稿或验证设计观点之前，以三维立体的方式探索设计概念。观察可能的造型、体量和面料在人台上的动态变化，以上这些实际步骤帮助你转化设计思维，并且更容易建立在你的观念想法之上进行设计。如果你已经绘制了设计速写草图，立裁能提供结构的可行性验证。在这其中，拍摄记录各步骤的立裁过程显得尤为重要，这有助于分析过程，也为下一个步的裁剪、缝制提供了参考意见。

图4-29 彼得·杜通过速写探究裙装不同形式的变化。

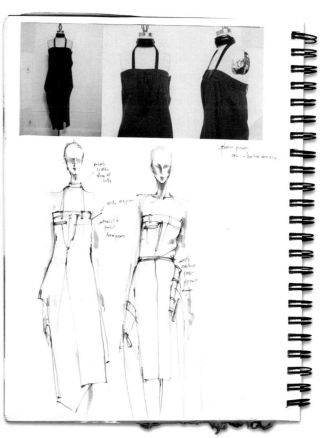

设计草图/人物动态

速写能最大程度地展现你的设计观点。你的手绘技巧、人物动态和姿态都构成了审美品味。但是设计草图的主要核心仍是设计本身，不是服装人体。人物动态要与设计概念协调相关，并保持一致的尺寸和比例，这样才能明确地传达你的设计信息。在简单的几笔描绘之下，你的灵感缪斯继而成型，人物动态和情绪也依托于你的手绘能力得以轻松地传递。如果你的目标客户群定位是精致的高端客户，但是却以古怪青年的形象表达你的设计想法，就会导致设计信息的混淆不清。随着每一季系列中概念主题的变化，你的灵感对象也要随之改变，因为她们要表达不同的情绪和姿态。

图4-30　安德莱依娜·吉米尼兹从建筑结构中提取造型和缝制特征。通过使用软件建立图片档案库，她积累了更多的新图片，用于以后的设计。

图4-31 从左上起顺时针方向：荷西·卡马乔作品（黑色铅笔）、马修·哈伍德斯通作品（黑色铅笔）、莎伦·罗斯曼作品（90%灰色铅笔）、秀邦作品（黑色铅笔）、彼得·杜作品（石墨铅笔/圆珠笔）。

图4-32 从左上起顺时针方向：亚力克斯·钟作品（眼影/黑色铅笔）、卢巴·金娜斯维奇作品（马克笔）、阿曼达·罗伯逊作品（马克笔）、亚力克斯·钟作品（铅笔/白色颜料）。

速写过程风格化

当使用画笔绘制心中的想法时，要用干净、力度适当的线条使整个系列风格化。画出基本的手势，面部表情，而不是完整绘制每一个细节部位，比如比例最小的嘴巴和头发。关键的配饰也能说明画面的轮廓和与人物之间的关系。手绘风格和技法应该是个人的延伸，通过自己最得心应手的媒介表现你最真实的一面：笔触粗犷的马克笔、针管笔，或控制整体画面的深色铅笔。

每一根线条的风格——干脆、感性、大胆，都在讲述着设计师自己的故事，并在画面中表达自己的态度。坚定的笔触能表现出你的熟练技法和自信的态度。一根不肯定的线条似乎充满了无力的苍白感，在页面上也难以引人注目。使用拷贝纸只会让线迹模糊，降低你的作品质量。为了易于编排，不要让你的草图过于复杂。更重要的不是体现你多么擅长绘画，而是你如何将设计概念充分地贯穿于整个过程。

" 更重要的不是体现你多么擅长绘画，而是你如何将设计概念充分地贯穿于整个过程。"

图4-33 得益于多年担任设计师和插画师的经验，雷纳多·巴尼特流畅的速写手稿让他在设计的同时也塑造了灵感对象的风貌和姿态。

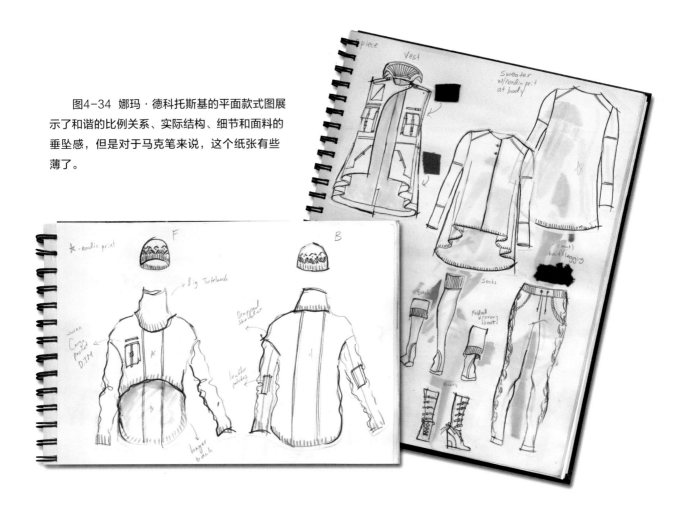

图4-34 娜玛·德科托斯基的平面款式图展示了和谐的比例关系、实际结构、细节和面料的垂坠感，但是对于马克笔来说，这个纸张有些薄了。

速写草图/平面款式图

设计款式图和工艺图是思考和实现设计理念的方法，并将具体的设计规格视觉化地展现出来。通过快速干脆的手绘表现，正确表达出在想象中的细节和姿态风貌。保持线条肯定确切，尽可能避免使用浅灰色的马克笔，除非表现阴影效果、面料的垂坠感，或者服装内部结构。平面款式过程图应保证所有款式比例协调、结构正确。

每一个设计品牌都有其自己特定的平面图比例，用于服装生产环节的沟通。开发自己的比例模板，更易

于保持与设计理念的连贯性，并且当你沉浸于设计时能节约时间。许多设计师喜欢在比例准确的全身速写人物模板上进行平面图的绘制。此外，平面款式模板也可以根据平面速写人体，通过扫描或计算机的矢量图软件创建。模板作为底图，能够确保服装廓型的一致性，而且在将你的粗略设计稿从人体上重新调整比例，转换为平面图时，非常有用，反之亦然。不过，缺陷在于转换过程中容易失去最初的廓型和细节的平衡。

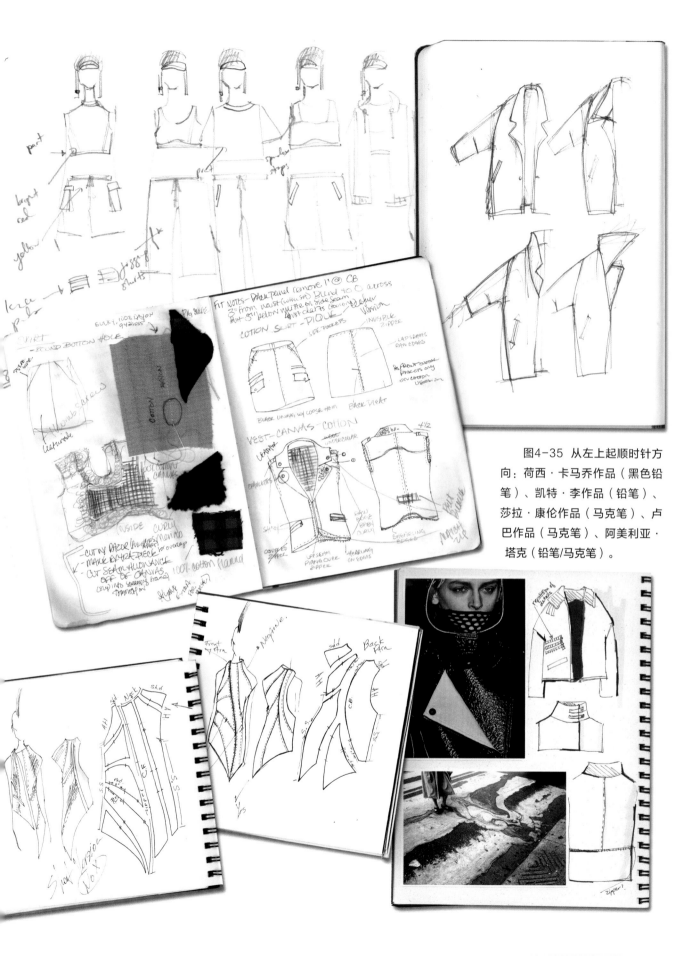

图4-35 从左上起顺时针方向：荷西·卡马乔作品（黑色铅笔）、凯特·李作品（铅笔）、莎拉·康伦作品（马克笔）、卢巴作品（马克笔）、阿美利亚·塔克（铅笔/马克笔）。

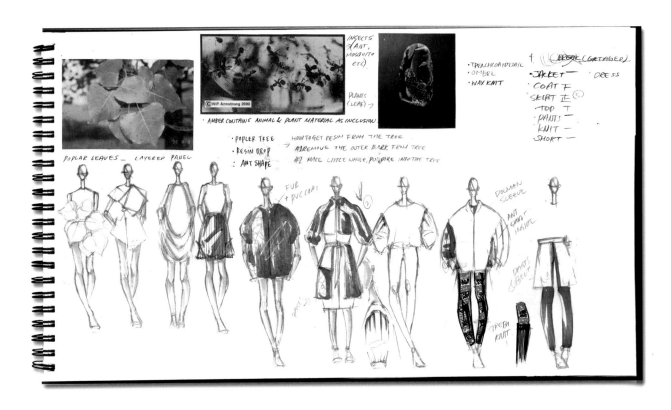

图4-36、图4-37 约拿·李的主题调研提供了几则设计方法可供参考。她为每一个主题都构想了一个廓型，以此为基础开始拓展。利用设计说明、图像和商品企划作为指南，她在初始的设计阶段绘制了许多廓型和变化款式。

练习11：设计开发

第1部分——画出你的灵感缪斯

确定一两个你心中的灵感人物形象，进行风格探索并绘制出她的最终形象。

·按照你的客户/缪斯的形态进行一些简单的动态变化。

·一到两个前视图的变化（例如，穿着铅笔裙状态下的行走动态或两腿并拢的姿势；展示裤装时两腿分开站立的姿势）。

·后视图或侧视图表现相关的款式/细节（如有需要）。

·考虑时装秀发布会上的效果——向前的行走动态，使用同等身材比例和身高的模特。

·手臂和手不要遮挡重要的设计细节。

·直接在纸上进行速写，或者使用人体模板。

第2部分——同一主题的设计变化

·挑选主题中的一个发展方向设计30个或更多的款式。

·调整款式比例，把握主旨节奏。

·挑选另一个方向开发同样数量的款式，重复类似的操作。

·将每一主题和与之匹配的图片分成两组。

·在每一组的编号中标注廓型/细节观点和主题之间的相互关系。

·客观比较两个组合并发现其共同之处；考虑是否可以合并成一个连贯的系列。

整合：形成一个统一的系列

系列的本质是整合——加入哪一款，减去哪一部分，以及如何融合成一个统一的整体。我已经从这个过程中（超过任何其他设计方面）学到了很多关于设计的东西，并且更加了解自己。认识到什么不可行和背后的原因，以及需要作出怎样的改变，这需要态度的转变，让你后退一步，预测整个系列的最终面貌。你的直觉、判断、客观分析的结合将为你的设计定型，使他们形成一个统一的系列。这个组合过程仿佛炼金术的过程，每一个决定改变游戏的进程，并将你引导至更清晰的设计视野。你的关键问题：我需要这一款式来表达我的设计故事吗？这件款式适合整个系列吗？它表达的是同样的感觉吗？也许最易回答的是：这是同一个女人会穿上的吗？

开始之际，将与设计方向相关的图片放在眼前，还有你的设计规划和商品企划清单，将它们作为整合设计系列的指南（如蔡林的速写整合）。你下一步要做的是将设计速写稿做一个视觉总览，以便于同时查看所有的设计草图及它们之间的关系，就像金媛所做的一样。取决于速写草图的数量，你可能想暂时搁置速写本进行创作，直到你已经编辑好了半成品。

图4-38 金媛使用简单的廓型和互补色，布置了图片位置，她使用橙色笔触标记将要运用在秋冬系列中的款式。

初步整合

第一步，挑选你喜欢的款式并按视觉效果进行分类组合——包含相同的设计图案、廓型，或者变化款的结构线。你也许需要拷贝手稿并将其裁剪开，以方便灵活地重新组合。一旦发现有围绕一个共同的概念中心可行的设计组合，你就能发现哪些地方不妥，或者传达出了错误的信息。设计方向和设计规划越清晰，这个过程将变得更加简单——去掉不合适的款式，即使你个人非常喜欢，你可以将其重新演绎到另一季。

图4-39 基于共同的设计概念，蔡林对廓型进行分组演变。

图4-40 贾斯尔·卡罗将其原创的针织设计分组，并附有面料小样，然后再进行整合。

图4-39

图4-40

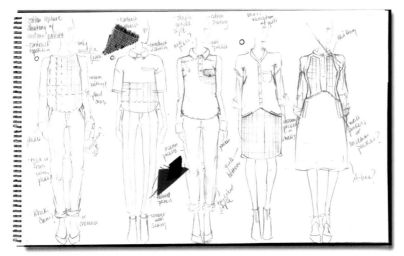

图4-41 丽贝卡·霍曼传统的款式组合半成品，接近整合的收尾阶段，附有细节描述，接近最后的成品。在这个阶段，色彩、面料、绗缝手法都进行了清晰的交代。

图4-41

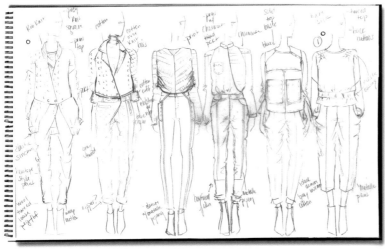

图4-42 袁永力用快速、流畅的笔触表现设计理念，并试验性地进行了着色。

图4-42

半成品

你的速写本应当留有一定数量的设计开发草图，而且应展现相对完美的半成品。为了理解自己的设计思路，且向他人清晰地解释你的选择过程，观察整个设计进程显得尤其重要，包括：

· 已经标记的系列中的款式，仔细检查或识别。

· 你已经否定的相关设计。

· 为不确定的款式所标记的需要作出更改的地方。

其中包含的速写手稿应清晰且新颖，无论最终你全部选用与否。袁永力整理的设计开发草图就是许多不同非列方案中的其中一个，你可以试验其他不同的方式，比如就像丽贝卡·霍曼的更传统的组合方式。

我看到过太多出色的速写本，在整合款式组合的过程中以失败告终。为了集中思绪，在总览页中添加一些启发你设计理念的关键灵感图片。当这种视觉联系缺乏时，你仿佛是在真空中操作，它将展现在你的设计选择中。有一则格言"所见即所得"即体现了这一点，速写本中缺乏合适的整合材料，其传达的信息是你对试验过程和批判性思维的轻视。如果你在拷贝纸上用铅笔轻描淡写地绘制手稿，然后随意折叠、黏贴进速写本中，就说明你没有热情地投入到创意过程。

图4-43 乔丹·梅尔受到地形学的灵感启发（请阅读第7页），在它们之间建立了视觉联系，她在半成品系列中展现了一些生动的原创印花。

最终的整合

有效地去粗取精需要你在设计理念上集中精力，将你的组合优化，获得整个系列的平衡感与统一感。确保每个系列都有中心，或至少包括一个标志性款式。如果你不能作出决定，向你的"内部客户"咨询并凭直觉作出判断。根据你的主题和设计规划，客观地检验你的选择，并按照你自己的设计标准有节奏地组织空间、廓型和造型。做好准备去除繁杂重复或者不能准确传达设计信息的款式。

卡尔文·克莱恩一贯具有清晰的设计审美和理念。他简单地将一切多余之物去除，即那些不能传达设计信息的设计，无论最后是否适合整个系列设计。评估自己的系列并做出最佳修改：重新组合上装和下装；变化神子、裙子，或领口线的比例；调整细节中心。将小型设计组合整理成最终的大系列，当有需要填充新的设计时再替换掉以前的设计。

图4-44 丹尼尔·希尔弗斯坦设计中的廓型和细节具有节奏感和平衡感，实现统一性。

图4-45 阿什利·冈萨雷斯为设计系列中的色彩、肌理和廓型变化确定了一个平衡的关系，该秋冬组合系列定位于年轻时髦的客户群。

建立系列感

你的目标或最后成品需要建立系列感——设计过程中设计一致性的自然过程。你将色彩、面料和廓型综合起来作为设计故事的主要部分。你的组合方式以不同的视觉节奏，将直接影响客户的情感反应并推动设计故事向前发展。它将给予系列生命力、平衡感和流畅性。而且在以音乐或故事的叙述方式中，短暂的停顿拥有一定的重要性。

· 记录——利用简约设计或降低色彩明度制造视觉停顿。

· 放松——使用戏剧性的强化或对比手法进行设计，大胆的装饰，或强烈的色彩。

参考大师的作品：瓦伦蒂诺、乔治·阿玛尼——都是你极佳的学习榜样，对你的系列整体架构进行审视，在需要调整故事节奏之时停顿，集中注意力在创作理念中，并强调设计重点。你的眼球将会追随你所创造的路径。

"
你的眼球将会追随你所创造的路径。
"

图4-46

速写本编订技法

　　在作出色彩和面料的最终选择之前，通过使用最初的小型手稿重新排列顺序，测试不同的变化以得到最后的系列，直到你满意为止。你也许希望以最具方向性或创新型的设计作为开场，随后引入整个系列。或者采取一种按生活方式排序的方法，从日装/职业装，紧接着过渡到晚装系列。

　　一旦决定了你的系列顺序，打印多个最终确定顺序的黑白线稿，进行不同的面料和色彩试验，直到同一款式或系列拥有多个色系为止。当你做出了选择并确定了色彩和面料，再次确保你的核心色彩和面料之间相互联系。这个阶段需要时间检验，甚至最后一秒的改变会出其不意地影响整体的一切，这很正常。

在速写本中，快速表现色彩和细节，轻柔的笔触就能赋予和保留设计过程中的创意新鲜感。你最后的呈现通常应该是每一个款式确定的面料小样，拥有一个清晰的色彩故事，或至少有一个视觉元素与主题联系起来。

做出所有的决定以及系列已经形成之后，你已经达到了速写本阶段的目标，是时候将设计过程转化为成果展示的阶段了。

图4-46、图4-47 娜玛·德科托斯基（左页）和蔡林（下）都非常出色地将半成品作为色彩试验的模板。注意娜玛设计的廓型、比例、色彩之间的平衡感。剪贴的面料小样帮助蔡林在设计中建立具有节奏感的色彩和明暗关系。

图4-47

图4-48

图4-48　切斯·塔克为他的春夏系列进行最后整合时，将两个主题因素融汇成一个设计理念。他大量运用罂粟红，贯穿于颇有平衡节奏感的印花和面料中，再加上粉色和梅子色作为过渡。具有统一感的面料可以提升设计的实穿性和面料肌理的丰富度。

图4-49

图4-50

图4-50 丽贝卡·霍曼的出色整合技术平衡了系列的廓型，将所有款式统一起来，基础灰色的运用使款式之间可以组合搭配。

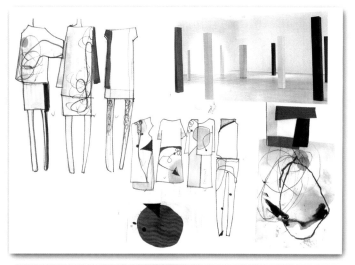

图4-49 卢克·霍尔在他的中央圣马丁毕业设计图册"有趣的衣物"中展现了兼收并蓄的风格，设计方向明确，细节说明清晰，色彩和图案之间实现了很好的平衡。

图4-51 林晓获得专业艺术评论大奖的作品聚焦于现代艺术。在完成系列之后，她意识到更多功能性品类的款式，于是进行重新整合，再次补充更多协调性单品。

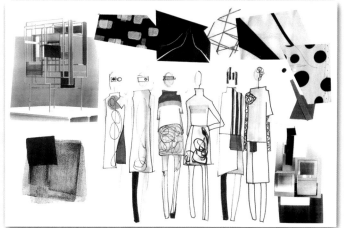

图4-51

图4-52 米格尔·佩纳作品

创意"加分"

配饰是你的设计理念的自然延伸，是展示你的设计才华、增加求职机会的一个途径。搭配一双皮靴、必备包、印花围巾，或手工编织的帽子都能为造型增添亮点。如果你擅长配饰设计并且头脑中有新的想法，就在系列的搭配款式中加上符合主题图案和色彩故事的饰品。你的设计理念应清晰地绘制出来，并结合调研获得的视觉素材和面料，展现出对比例、三维透视和基本结构的深刻理解。

如果开发原创印花设计的灵感迸发，收集你的灵感图片和创意，设计不同的印花，和你的系列和色彩故事保持一致。尝试任何绘画形式，从水彩到计算机软件，或者结合使用。将你的设计打印在系列的面料小样上，可用于围巾和包袋中。

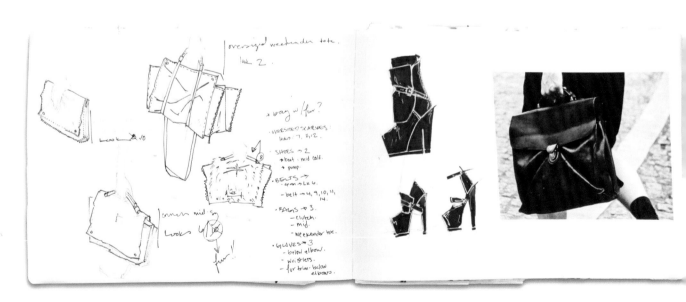

图4-53 基兰·戴利森作品

练习12：系列整合

第1部分——初始设计到半成品的编辑过程

· 收集关键的调研元素、色彩、面料故事，设计方案材料和50~80张设计手稿（效果图或平面款式图）。

· 拷贝手稿并剪开，方便不同位置之间的移动（视觉灵活性）。

· 开始挑选你喜爱的设计——但要基于系列整体效果考虑。

· 判断关于设计在传达概念和主题方面的表现力。

· 基于客户期望、生活方式必需品、市场指南和商品企划目标这些角度作出选择。

第2部分——半成品评估

· 观察半成品是如何按照相关元素进行分类组合的（系列成型和发布的初始阶段）。

· 完成最后成品需要在组合之间把握设计主旨的节奏感和张弛度。

· 增加或删减设计款式，以满足你的预期设计规划。

· 确定你的服装品类满足你的企划标准。

第3部分——最终呈现

· 对最后呈现的所有款式进行总览，确立一个流畅的设计故事，并在完整系列中确定款式最终的位置和顺序。

· 打印多张最终款式的黑白线稿，用于色彩/面料试验。

· 根据整体系列确定最终的色彩、肌理、图案。

· 在速写本中，调整款式组合之间设计故事的节奏感和流畅性，并略微交代色彩、面料肌理和图案。

· 为每一个款式对应实际的面料小样；结合主题图片和设计手稿确定最终的视觉效果。

劳伦·塞纳成长于芝加哥，2012年获得纽约时装学院（FIT）的艺术学学位，2009年秋季获得马克·沃德罗普设计评论大奖。2011年春，她又获得杰弗里·比尼/CFDA大奖，同时入围了CFDA奖学金竞赛并进入了最终决赛名单，还有吉尔特集团/CFDA全明星奖，以及在林肯中心举办的 *Elle* 杂志下一个时尚新星大奖。她曾担任Phillip Lim和Calvin Klein的实习生和自由设计师，帮助她获得了现如今在Adam Lippes的助理设计师职位。

图4-54

访谈：劳伦·塞纳

速写本对你的设计有何引导作用？

"速写本帮助你理解现在正在做的事情，让你保持头脑清醒。然后，速写本的表达将更具有可读性。我通常开始思考我的客户——启发我的女性形象，我希望她们穿上我设计的衣服。我认为我更擅长于视觉性的描述，而不是书面的表达，图片都是精心挑选来传递设计想法的。我总是将色彩和面料放在一起寻找关联。我的毕业速写本对我来说是很有利的工具，我用它来练习版式布局，借助它来规划我的求职作品集。"

当整合一个系列之时你认为应考虑什么？

"我认为整合系列是一个艰难的过程，因为当你设计的时候你喜欢所有的一切。它们就像你的宝贝，你觉得它们都很重要。但是，我总是向别人征询意见，特别是那些能够理解我的审美的人，还有客户。你不得不找到关键的款式——这能帮助你讲述你自己的故事。究竟哪一些是不可缺少的款式，哪一些只是陪衬？哪一些能帮助你顺利推进系列的发展？然后还有一些款式只是为了平衡系列……"

在确定最终色彩和面料时，你如何确定排列的顺序？

"我喜欢将款式分组。通常在大的系列故事之下分散着一些小的主题故事。我在设计和廓型之间寻找共同点，将类似的面料排列在一起。在页面上组合在一起时的效果很重要——可以平衡的色彩、线条细节和装饰。"

请在线访问劳伦·塞纳的访谈视频和速写本：
www.bloomsbury.com/rothman-fashion-sketchbook

"

我认为整合系列是一个艰难的过程，因为当你设计的时候你喜欢所有的一切。"

图4-55　劳伦·塞纳的毕业作品集；使用丙烯颜料和黑色铅笔完成的设计手稿。

图4-56

访谈：马修·哈伍德斯通

马修·哈伍德斯通来自于马萨诸塞州，在纽约时装学院攻读时装设计专业，2013年被选为FIT艺术专业代表参加名为"–Fusion"的时装秀大赛（选手主要来自纽约时装学院和帕森斯设计学院）。他还入围了杰弗里·比尼/CFDA学院大奖比赛的最终决赛名单。马修还参加了2014年Tory Burch的导师计划。2015年春，在获得艺术学士学位之前，他在Jen Kao和Jonathan Simkhai担任实习生。

你从哪里寻找灵感呢？

"我一直热爱建筑，所以大部分时间我会观察我所处的空间环境，无论是纽约的伟大建筑，或是亚利桑那的沙漠，都能为我下一个系列带来新鲜的灵感。无论是什么样的感觉体验，我都会很仔细地进行筛选，使用不会过于专业或者限制性的思维，但足够用于实际工作的灵感元素，并以此创造一种氛围。我自己拍摄照片并且获得造型和形式之间的概念性联系，从中提取更加抽象的概念。我也通过模特经纪公司发现一些新面孔，所以我总能创作出新颖又与众不同的形象。"

你如何开始设计过程呢？

"当我开始一个系列的时候，头脑中会有基准指导整个过程并保持系列的平衡。在进行拓展设计之前，我喜欢用画笔把想法展现出来，并与相关的图片进行联系。我认为根据它们进行设计和对线条的掌控奠定了我的设计方向。在这个阶段，我还会选择色彩和面料。亲手感受面料能帮助我思考它们的用处，以及是否适用于制作和生产服装。"

> 对于我来说，速写本和最终的设计成果一样重要，它帮助我启发了所有的设计想法。

你认为设计之初就应使用速写本吗？

"对我来说，速写本跟最终的设计成果一样的重要，它帮助我启发了所有的设计想法。所以，有时候我排列图片的时候，我会花时间试验不同的排列方式，因为我知道这样有助于设计服装。我的一些设计系列实际上正是从速写页面的布局中产生的。因此，我真的认为它有着不可或缺的重要作用。"

请在线访问马修·哈伍德斯通的访谈视频和速写本：
www.bloomsbury.com/rothman-fashion-sketchbook

图4-57 马修·哈伍德斯通在他的毕业设计系列中运用了数字技术，融合了感性的设计手稿，保留并强化了原创作品的气场。

> **"** 速写本是企业了解设计师如何通过概念性思维、设计创意、粗略方案、制作和工艺演绎设计灵感的最重要的方式之一。 **"**

——克里斯多·尤文尼诺，意大利版 *Vogue* 杂志设计师、教师

第5章
展示速写本

你的展示速写本是对你精修系列作品集的一种非正式补充，它们共同为你提供了未来职业生涯的切入点，并以各自的方式展现了你的最佳设计才能。虽然它只是你过程速写本一种表达，但应该具备与大部分初始内容相同的创意点——更加清晰、更加系统地展现你的个人设计风格。通过一致的顺序和一些巧妙的表现手法，甚至平庸的设计也能给人留下深刻的印象。

一旦你的系列进入到最后阶段，就应该把精力放在内容的呈现和风格化的表现上。在很大程度上，你已经清楚地了解了自己的审美和设计理念，因为随着创意经验的积累，你早已驾轻就熟。回过头看，你也许愿意调整你的图片和手稿，展现创意的过程，并强调你是如何完成系列的。你的展示速写本让你有机会再次思考表达设计创意的方式。你可以用它来完善品牌的艺术风格，对结构框架进行试验，为你的作品集排序。

图5-1 阿美利亚·塔克的突出色彩和面料的设计作品定位于"拥有环保意识的客户"。在她的调研速写本中，她将平面图和面料置于创意过程的手稿背景中，展示了其高超的商品企划水平，并添加了图示和注解，使表达更加清晰。

制作展示速写本需要考虑的因素

你的展示速写本将和作品集一起用于求职面试或项目开发、比赛评审。一段时间内，速写本会经多人之手，且可能继续扮演着设计开发过程中速写本的角色。所以请使用标准的锁线装订或螺旋装订的精装版。基本的速写本选择和标准请参照本书第4章。选择可突出你的设计审美的速写本，有助于增强表现力。

> " 你自己的思维、你的能力和你的角度，都展现在你的速写本之中，它能使你与众不同，在人群中脱颖而出。 "
>
> ——索尼娅·内瑟

图5-2 卢克·霍尔的速写本因其不寻常的用色和丰富内容引人注目。他选择了一个标准样式的速写本，硬装、耐用。

展示速写本的开本选择

作品集

·理想的情况是，这个速写本应当在开本和审美上与你的作品集相匹配。在功能上，它应与作品集尺寸相当或略微缩小。可以对封面进行改造，使其与个人审美趣味保持一致，满足专业技巧的表现，并 易于使用。

比赛或小型项目

·大部分项目速写本将会按同一个开本整合成一个系列作品集。

手工速写本

·制作此类速写本时应十分小心，在"手作"和"手拙"之间有严格的界限。页面必须易于翻折，打开时也平坦整齐，就像一本完全功能性的速写本，不需要保护套。然而，你也能以一盒或一册的形式同时将作品集、速写本双重角色融合在一起进行设计展示。

正式籍册

·如果设计概要要求你提供设计过程的正式版本，可以通过软件对其进行编撰、打印，并专业地软装装订，塑造一个干净、平整的外观，同时能便捷地归档在一个盒子或公文包中。小册子是速写本的复制版，不是原始版。

图5-3

图5-3 彼得·杜（上页图）在他的比赛速写本上覆上了一层泼溅颜料的皮革，以契合系列主题、设计美感，并获得了CFDA大赛的奖学金。贾斯尔·卡洛作品（左中图），丹尼尔·希尔弗斯坦作品（右中图）和安雅·泽尔娜斯卡（下图）的极具风格的速写本封面，依次展现了他们的设计审美——穿孔的皮革、化石鱼和标志性的蓝色玫瑰。

图5-4 凯特·李（右）以对页的形式装订比赛速写作品。安东尼·阿根提那（下）为他的比赛速写本制作了让人印象深刻的手绘文件夹。

图5-4

展示速写本的内容编辑

精致的表达与速写本的本质和目的相违背。过度打磨独特的"毛边"（闪光之点），违反设计过程中的创意直觉。但是如果所有边缘都很粗糙，就很难看到真正的"金子"闪光了。此速写本不是重新开始你的设计过程，而是清理、去除所有杂乱、多余的内容，增加注解，保持设计故事的流畅感并增加可读性。这是第二次展示个人的组织和整理能力的机会——你如何收集"金子"，再现整个系列的亮点。

图5-5

> **如果我们把每件事都当成重点，那相当于没有重点。**
>
> ——乔恩·斯图尔特

设计师渴望随时都拥有源源不断的灵感和创新的想法，以新的视角看待平常物，以创意的方式解读调研。他们被速写本上的灵感图片、丰富色彩、肌理面料所吸引，那些灵感元素可以将创造力拓展至书本以外的世界。但是万一你的过程速写本中灵感和创意特别多，那么将会导致你的设计过程主线迷失在这一页页的创意之中。即使是最专业的观者也需要理清思路来观察。

你可以自行把控，通过编辑和融汇速写本中的内容，来展示你想要表达的最佳创意和最有性格特征的风貌，同时弱化其他设计。由于我们每个人都具有自己的独特的优势和局限，客观地确定所需要的东西取决于每个人自己。如果你囊括太多在视觉上与概念无关的事物，这样你就无法突出设计重点。但是如果只包含概念图片而只有少量设计开发速写，你给人留下的是只擅于构造理念而在设计方面稍显逊色的印象。

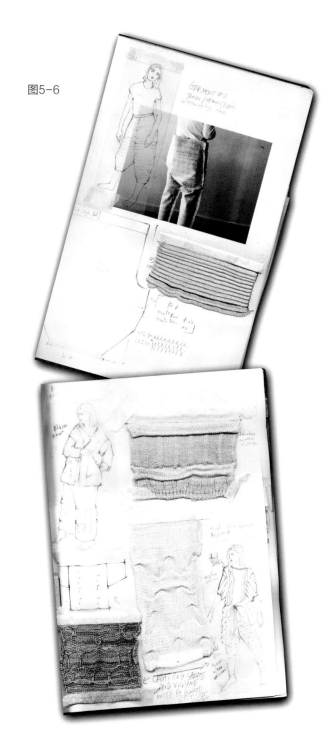

图5-6

图5-5　在这些作为作品集补充的速写本中，林坤用丰富的面料和文字标注展示原始灵感，完成了最终的艺术作品。他的毕业时装秀作品赢得了评论大奖。

图5-6　沙南·赖芬的毕业设计过程速写本布满了设计稿和原创针织试验小样，他的针织作品赢得2015年FIT毕业生大秀的评论大奖。

如何删减

你的移动设计工作室仍然是个人设计过程的空间、挑灯熬夜进行创作的奋斗场所，以及记录染整方法、失败经验和天马行空想法的页面。在个人创作过程中这些都是重要的环节，但对于专业观者来说不是所有内容都是必要的，他们的目的只是在于"淘金"。

当你再次回顾你的过程速写本的时候，挑选设计故事中最精彩的部分进行编辑——在发展过程中展示你设计方案的页面，突然闪现的灵感瞬间，以及已经发展成你的系列内容——但是不要过度缩减，留下你喜爱的创意和试验，虽然它们没有被选入最后的整合中。将那些不完美的手稿保留在纸巾上，保留那些奇怪的创意，它们也许在将来的某个时刻成为新颖的创意。保留设计方案中最佳部分和商品企划说明，但是如果你已经有了6页关于蝴蝶的研究，那就要考虑进行删减。

回顾过程速写本的内容清单（第4章）：

· 进入表达过程阶段遗漏了哪些内容呢？

· 怎样的调整能使故事讲述得更加流畅？

如下的图形处理技巧和空间排列关系将帮助你展示你的创意过程。有价值的速写本保留了所有的原创性和有感觉的设计。

图5-7　乔丹·梅耶的双页展示极具冲击力，将最具灵感性的调研变为概念，又通过重点手稿和说明将它们统一起来。

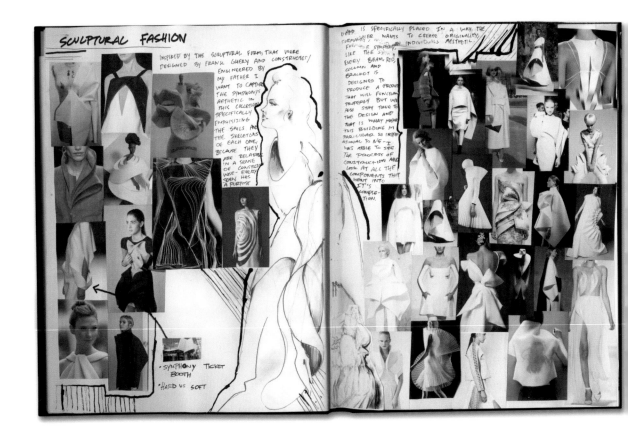

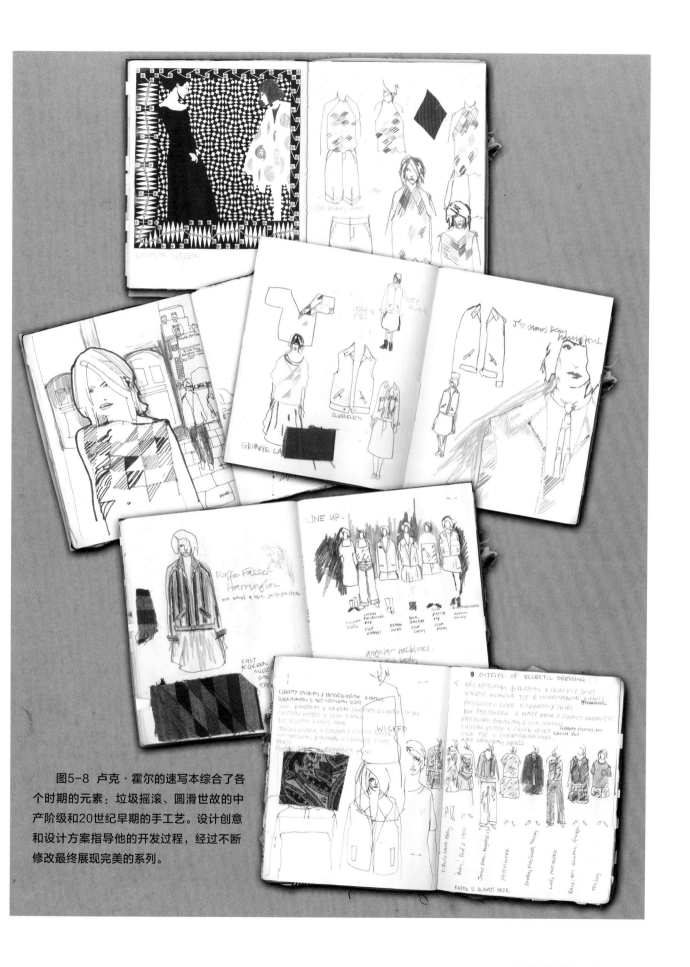

图5-8 卢克·霍尔的速写本综合了各
个时期的元素：垃圾摇滚、圆滑世故的中
产阶级和20世纪早期的手工艺。设计创意
和设计方案指导他的开发过程，经过不断
修改最终展现完美的系列。

展示速写本的内容编辑

使用展示速写本的目的决定了你的表达方式。无论是用于作品集、项目，或者比赛，你的设计思维和独立观点都需要清晰并有力地说明。

作为作品集补充的速写本，体现了你创作过程的方方面面。尽可能地保留相关过程，不需要过度编排的痕迹，在行动中展示你的创造力和清晰的组织能力（如何将创意转变为系列设计）。标题应该告诉你的观众你是如何进行整个过程以及如何确定创意思维的，文字标注也应清晰可读。

图5-9 卢巴·冈萨雷斯的设计速写本保留了她设计过程中的详细内容，运用了强烈的视觉隐喻、设计手稿、结构和工艺图解。

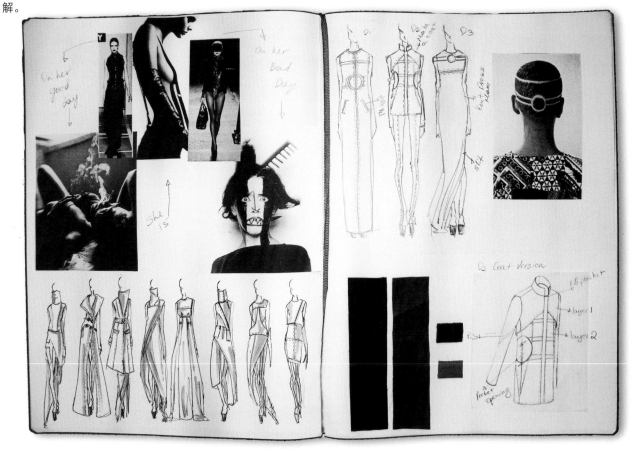

图5-10 特拉维斯·佩雷拉用于项目展示的速写本表达了新颖的概念和想法，展示了为特立独行人士和国际新娘所创作的手稿。

项目展示速写的标准和作品集补充速写本大致相同，不过更侧重于一个具体实际的项目及其要求，不会包括其他项目的额外材料或速写手稿。它是在原始速写本基础上进行略微整理编排的版本——整洁、干净，但依然介于非正式和正式之间。

比赛展示速写本比过程速写本的内容更加正式，包含软件编排的页面和情绪/概念页。它不是完全精炼细致，但是注重组织和逻辑顺序。清晰的结构、标题印刷和简洁的文字描述，根据具体要求而定，它是你设计过程的真实表达。

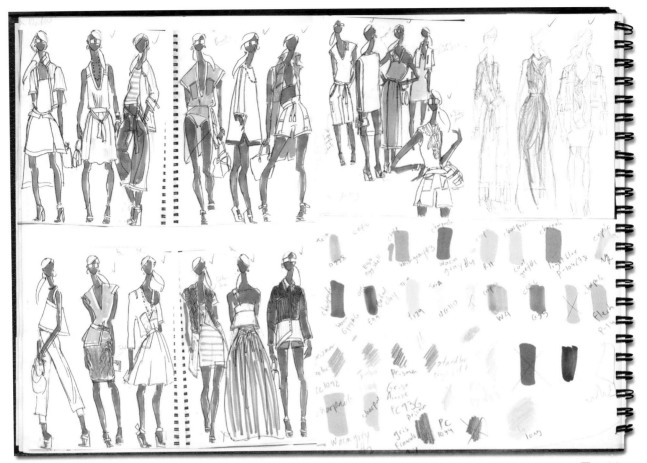

图5-11

图5-11 娜玛·德科托斯基在作品集补充速写本中展示出她所做的色彩试验，体现了她定位高端市场生活方式的美学——"与生俱来的奢侈华贵，源于自然原始的雅致魅力"。

图5-12

对应求职市场的表达风格

作为专业设计师的标志之一就是要足够了解你自己的审美观，并将它清晰地表达在你的作品或一切所行之事中。你的品牌审美是你自身设计哲学的自然延伸，也是他人能够即时识别设计师身份的关键。在视觉方向和展示速写本风格方面的表达需要显而易见，同样的，独特的个人风格也会衬托设计作品。如果将你列入目标人选，仅凭专业评论师或设计总监的一瞥就能明白你是否适合他们的审美品味和客户群。他们将观察你是否有新鲜的设计创意用于加强其品牌建设，并且确认你的设计是否考虑到相关的市场定位。

无论你的设计概念如何新颖且富有创意，速写本的页面布局传达出你真实的审美趣味。同时，它还表达了你的设计灵感形象，这极大地关乎设计的完成和被理解。即使你的设计审美符合你的页面布局，但是吉尔·桑德（Jil Sander）品牌的招聘者可能不会对新奇、拼贴的速写本风格感到满意，因为他们只喜欢干净、精练的极简主义风格的设计。不过，采用同样的技巧在具有不同审美观的品牌玛尼（Marni）那里也许会是另外的结果。

图5-12、图5-13　基兰·戴利森求职时所展示的速写本表现出了他的个人理念：全球化思维结合地方传统，宣扬典型的美式风情。下图展示内容包括灵感图、设计概念和速写草图。

图5-13

> "少即是多……让肌理和视觉内容自己'说明'一切。我发现创意人士有一种内在的审美感觉或眼光来选择所需要的元素。忠于你自己的内心。"
>
> ——克劳丁·卡拉布雷泽，克劳丁·卡拉布雷泽设计公司

用于表达的图形策略

实现创意工作的具体目标需要你尽可能地从专业的角度进行慎重考虑。你应让专业人士方便阅读和欣赏你的速写本，让他们的注意力集中在你的设计才华，而不是因为不合理的版式布局分心，或者为了找到你的设计作品费劲地来回翻页。图形设计策略能为你提升设计过程的质量，展示你的设计不仅仅只是课堂教学作业，而是为真正的市场考虑的，这样能为你带来优势。刚开始使用时你可能会觉得简单明了，但它们不容忽视。

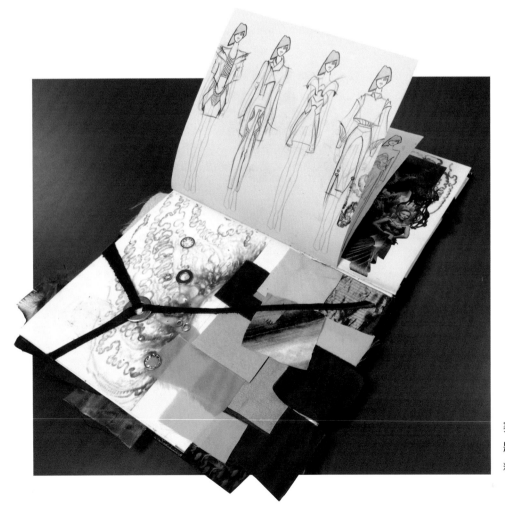

图5-14内达·夏拉夫的比赛速写本出色地展示了清晰的主题图片组合，并且设计手稿、面料和色彩板都一目了然。

将美学信息同步

即使在自发产生灵感的时刻，你也可以运用内在的审美感觉进行试验和开发工作——这都展现了真实的你。从展示速写本的标题页开始就要将你的审美观同目标市场同步，体现出你明白第一印象对于构建你的个人风格的必要性。它是观者与你的第一次接触，同时也是你的设计世界的入口标识。所以，开始讲述视觉故事之时，在首页就需要强有力地展现个人审美。

图5-15　4种风格鲜明的标题页各自引入一个系列来展现设计师的审美：袁永力作品（上图）、莎伦·罗斯曼作品（中图）、尤金尼娅·斯维罗蒂作品（左下图）、娜玛·德科托斯作品基（右下图）。

内容的流畅性

你可以按照你系列中的节奏和顺序来规划展示速写本中的视觉流畅性。在编辑页面的过程中，调整设计过程的步骤和一致性，以突显你自身的长处。面料小样根据页面版式布置，并和图片一起讲述你的色彩故事。为了增加设计过程的丰富性以及肌理感，并突出你的设计思维，可以考虑在设计开发过程中将主要的面料小样、面料再造、概念图片、清晰的标注和设计手稿结合。在展示你在裁剪和塑造造型方面的创新性时，可以将平面款式图、结构工艺图与设计手稿结合。

以自己的独特的方式将包含一致的概念、色彩和情绪的页面整合在一起，可以体现出你在设计过程的所有设计阶段都能保持设计重心，正如丽莎·阿尔蒙特获得CFDA比赛大奖的速写本中那样。参考你的设计方案和市场指南，然后再决定如何组合和混搭各种元素，以实现最好的表达效果——在什么位置放置平面图，何处以及如何添加面料组合，什么时候强调商品企划。

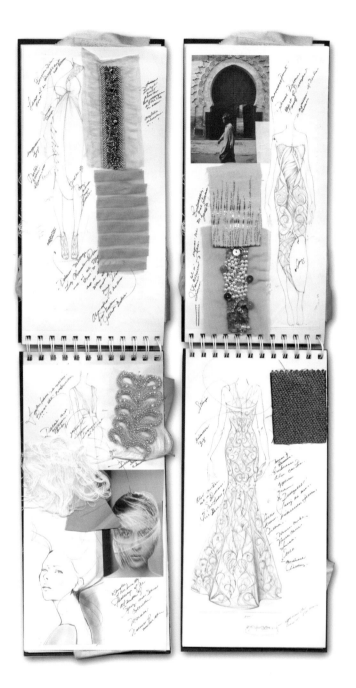

图5-16 妮莎尼拉·阿尔蒙特将设计手稿、主题图片、奢华面料进行综合，打造出一个流畅的设计过程，符合她的设计美学和艺术技巧。

页面扩展

非常有必要在速写本页面上展示完整的设计开发过程，在编辑过程中从视觉上判断设计的流畅性和系列的连贯性。在原有页面的基础上增加折页，可以有效地拓展你的横向空间，所以最好能够细致布置。但是，不要断定观者一定会打开查阅。很多次我都错过了一些核心系列的手稿，就是因为速写本里面没有明确地标出可以打开的折页。使用可以打开的折页是很讨巧的做法，特别是想更多地了解设计者的设计过程的时候。

如果你决定添加一张折页，尽量保持简单、简短和实用：

· 限制你的扩展数量（一张跨页可以折叠成三页）。

· 按常规从左至右打开折页。

· 使用与速写本同等重量的纸张，不要选用轻薄或透明的纸张。

· 用牢固的胶带黏牢，保持页面平整干净。

· 不要让折页的"封面"保持空白：添加图片或标签来引导读者打开。

图5-17 蔡林精心设计的折页使用了优质的纸张，正符合她的设计美学。但是因为打开之后页面过长，如下图所示，在求职面试中并不方便展示。

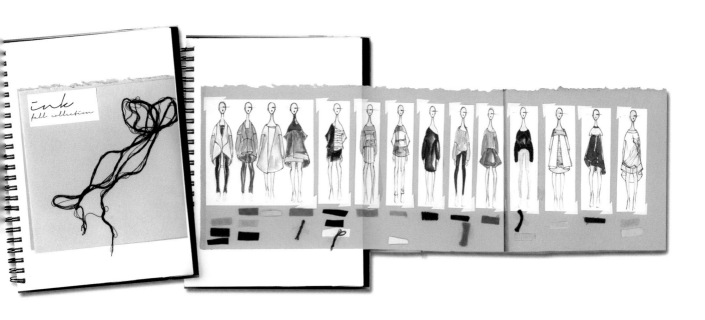

空间关系

事实上，设计的原则和元素即我们如何视觉化地掌控任何空间或版式。它们的基本立足点即创造新事物，因此涉及设计的方方面面，例如建筑、工业、时尚和平面。即使在最自由、即兴的速写本中，你的设计创意也总是创作的核心环节。情绪和灵感图片扮演辅助的角色，为你提供设计的概念情景。通过了解不断变化的空间关系，调整页面上的不同元素，你就能够将注意力集中在设计上。

> " 你的设计创意总是创作的核心环节。 "

图5-18 葆拉·布埃索梵德尔用自由奔放的旋转线条绘制了一幅花哨的彩色跨页图案。

图5-19 莎伦·罗斯曼使用两张连续的页面绘制手稿，尝试以不同的手法展现审美观。飞扬中奢华的蕾丝（上图）营造了梦幻感，而下图表现了更为简约的审美哲学，想象中一阵轻风拂来，仿佛也为书页带来了动感，让实物和手稿融为一体。

跨页/单组

你的速写本可能是连续的跨页，或者是成组的对开页，每个单元可以视为一个设计空间。从可长期保存的纸质书籍和杂志来看，我们习惯于忽略装订线或者书页装订之间的部分。我们会从视觉上联系两侧的内容，所以无论在一页上使用怎样的元素，均须考虑对页的布局设置，形成一致的动态、色彩或空间上的平衡。以跨页的形式尝试不同的页面布局想法，是设计师确定主题和美学的视觉表达形式的方法，有助于构想出创意性的解决方案。

页面布局

理清空间关系能帮助你更加客观地看待自己的作品。当你尝试以不同的位置跨页排列图片、面料和标注时，你会确切地感受到体积和密度的变化，当一部分变得稳固、坚硬的时候，其余的则显得更为轻巧、柔和。例如，在精细线条设计手稿的顶部放置较大面积的面料小样会从视觉上弱化设计稿。更具重量感的元素塑造出视觉的稳定感，因此最好将它们放置于页面底部，反之，较轻巧的可以明显地起到平衡作用的元素可以放在靠上的位置。

每一个设计概念都有自己的个性，要找到最适合你的页面布局，先将内容通过眼睛和直觉排列。然后再开始思考设计。试图平衡不同重量和体积的元素，随意摆放大小比例不同的重复人体模板和几何造型。利用页面布局评判你的最佳美学比例，就像你对待服装设计元素一样。

图5-20 克拉拉·奥尔森在页面组合中结合了负空间和视觉的方向性，巧妙地平衡生动的色彩和动感的主题图片。注意向上飞行中鸟儿减轻了面料的沉重感，营造出了上升的动态。

图5-21 马修·哈伍德斯通（上）开发了颇具中性风的灵感缪斯形象，有意识地平衡了手稿、调研材料和设计标注的布局关系。莎拉·康伦（下）使用背景空间和重复图片形状传达她的信息，将面料和缪斯形象与概念、情绪巧妙结合在一起。

负空间

当你处于随性创作状态的时候，不一定非要依照组合的原则，而可以凭借直觉最大程度地利用空间布局安排。我们与生俱来就能观察处于空间中物体的形状，同样地也可以判断比例和平衡。把以上这种能力展示在你的速写本之中，训练使用元素（作为图形本身）周围的空间的独道眼光。不断改变负空间的尺寸和形状，你将学会在跨页中平衡空间比例和速写本内容中的视觉连贯性。

欣赏艺术书籍或大开本杂志，寻找与你的设计美学和设计故事产生共鸣的布局新想法；搜寻发布有趣图片评论的博客，以启发创意。

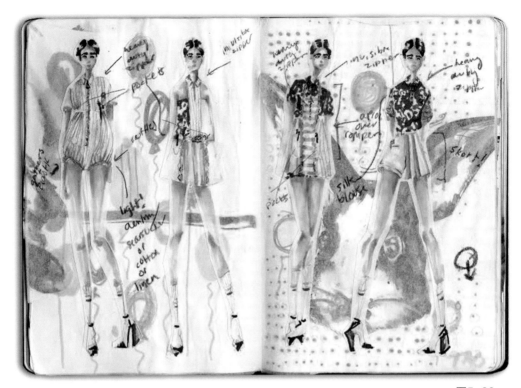

图5-22

图5-22　泰勒·奥蒙德的手绘背景颜色醒目，造型突出，几乎淹没了其极富魅力的设计，即使其纸张材质是半透明的。

图5-23　泰勒的第二个项目运用了经过处理的主题图片以支撑设计；她通过负空间来实现创意。

图5-23

背景图形

简单的背景空间是创意设计的展示窗口。清晰的空间框架可以避免不必要的注意力分散，并突显廓型和原创性。装饰元素、背景和不同的图形也会有负作用，除非使用力度适中的笔触和有精准的眼光。视觉信息的领域也极具竞争性，最重要的手稿细节容易被淹没。力度、强度和分散的元素位置可能会混淆廓型，掩盖图案的面料小样甚至能改变色彩的影响力。另一方面，简单的相关图片能统一你的设计过程并支撑你的创意理念。通过保持极简的背景，预留出负空间，甚至会令原本优秀的作品更具品味和审美趣味。

图5-24 凯特·李（右上图）使用了图形元素，以轻微的笔触表现她重复强调的曲线图案。劳伦·塞纳作品（下图）中三张位置仔细安排的图片，解释了从抽象概念到设计的概念。

TORQUE

24

SPINNING **CLASSICISM** WITH CLASSIC DESIGN

TO CREATE SOMETHING COMPLETELY **MODERN**

STUDY   LAUREN SEHNER

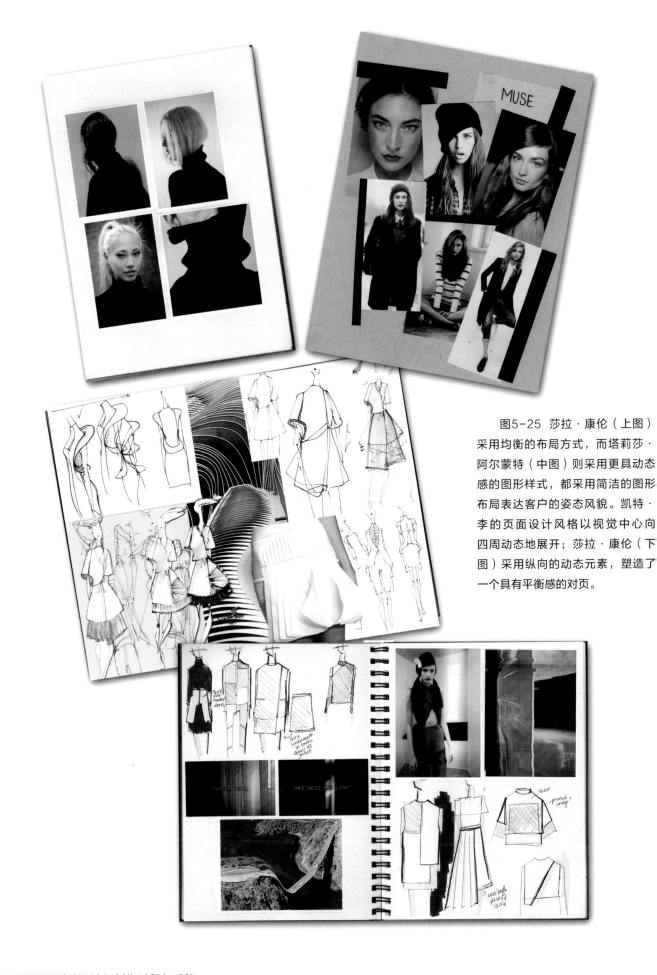

图5-25 莎拉·康伦（上图）采用均衡的布局方式，而塔莉莎·阿尔蒙特（中图）则采用更具动态感的图形样式，都采用简洁的图形布局表达客户的姿态风貌。凯特·李的页面设计风格以视觉中心向四周动态地展开；莎拉·康伦（下图）采用纵向的动态元素，塑造了一个具有平衡感的对页。

视觉方向

就像电影，任何连续的视觉表达都能传递情绪、审美，或营造页面之间的动态感。例如，你用于关联概念图片和面料及设计创意的视觉隐喻能推动你的设计手稿向前发展，形成创意流。当你意识到通过变换页面中一些元素的位置可以影响观者对你设计的看法时，这是决定性的时刻。你可以让静态的页面鲜活起来，避免你的创意消失在相互竞争的元素中。

通过简洁、视觉化的形式有意安排页面布局中的元素——灵感共鸣图片、生动的色彩、可触摸的面料、动态线条，或者特定的姿势——引导自己的创意能量和观者的眼睛。试验和比较以下三种不同的基本版式的效果：

· 平衡排列形成统一感和清晰的表达。

· 动态排列（使用对称或生动的线条）可以产生能量和动感。

· 中心是指目光一开始聚焦的位置，中心位置排列核心设计和创意。在角落的位置安排元素会分散中心位置的注意力。

图5-26 内达·夏拉夫的效果图表现了视觉中心的重要性，并从中心位置延伸出圆形图案来突出设计。

设计手稿

设计手稿介于设计初稿和作品集中完整的效果图表达手稿之间，也是一个设计表达的阶段。对于展示速写本，它可以完美地呈现出你究竟是如何进行最后的系列编排的。设计手稿的目的在于帮助别人视觉化地解读你的设计创意，理解服装的垂坠感、造型，以及合体性。

设计手稿应该交代结构，但可以快速、简单勾画，不必拘泥于细节。无论是人物着装图还是平面图，设计手稿的创意能量在于表达你的品牌的风格和美学。在作品集的最后制作阶段，内心会经历很多选择和挑战，这时候你会发现设计手稿能完美地解决这一困难。

图5-27雷纳尔·巴尼特的每个项目都会在速写本上进行，在概念讨论会上当场进行设计，因为系列的决策已经确定。

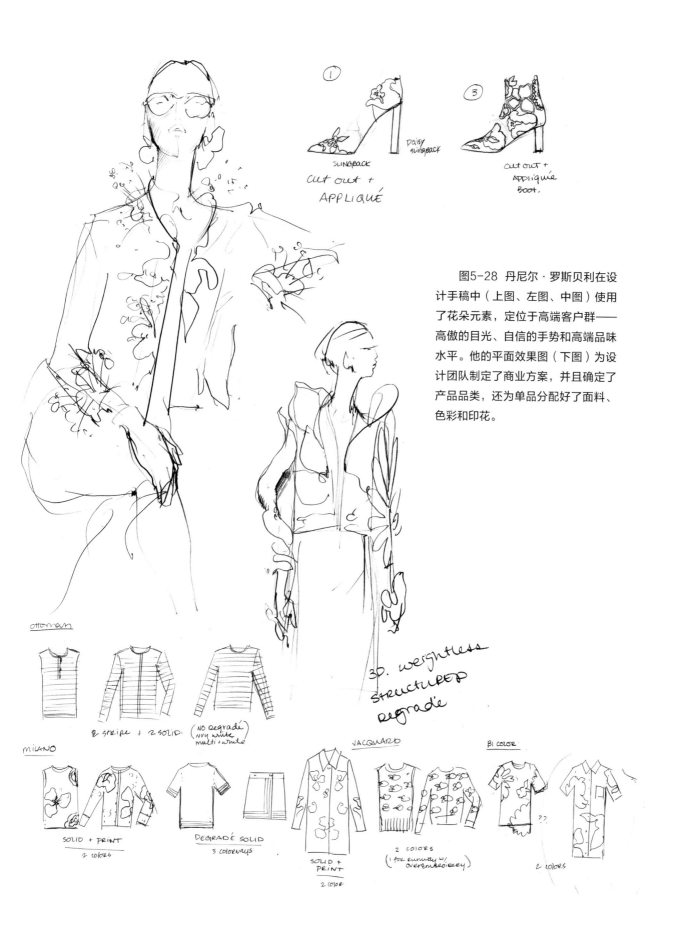

① SLINGBACK
CUT OUT +
APPLIQUÉ

Daisy SLINGBACK

③ CUT OUT +
APPLIQUÉ
BOOT.

图5-28 丹尼尔·罗斯贝利在设计手稿中（上图、左图、中图）使用了花朵元素，定位于高端客户群——高傲的目光、自信的手势和高端品味水平。他的平面效果图（下图）为设计团队制定了商业方案，并且确定了产品品类，还为单品分配好了面料、色彩和印花。

ottoman

2 STRIPE + 2 SOLID.

(NO DEGRADÉ)
NVY WHITE
multi + white

3D. weightless
STRUCTURED
DEGRADÉ

MILANO

SOLID + PRINT
2 COLORS

DEGRADÉ SOLID
3 COLORWAYS

JACQUARD

SOLID +
PRINT
2 COLOR.

2 COLORS
(1 for runway w/
overembroidery)

BI COLOR

??

2 COLORS

图5-29 雷纳多·巴尼特的展示速写本表现了品牌的风格和审美。通过使用水性马克笔和黑色Prismacolor（美国三福霹雳马）的铅笔，他捕捉到了高端时尚感，展示出了奢华面料的优雅感和简约感。

请在线观看雷纳多·巴尼特的设计手稿和访谈视频：www.bloomsbury.com/rothman-fashion-sketchbook

设计手稿的沟通作用

在设计工作室，设计手稿用于向你的同事沟通设计创意。在初期概念讨论会上，设计手稿和视觉调研、面料，以及色彩方案一起放在团队的概念板上，对其进行编辑与反复修改，有一些通常不会保留到半成品阶段。会有若干设计师展示自己的创意，而你也希望自己的设计被采用，所以，这时候展示你的结构知识和正确绘制服装细节的能力尤为重要。清晰地表达你的设计观点，自然地表现出人物姿态、比例和风格。过程速写中你越是处于舒适和自信的状态，越易于推广你的观点。

设计手稿的特征

· 人物姿态清晰地表达廓型、结构线和风格。

· 风格体现品味，表达你的灵感缪斯，主题和季节。

· 用细尖马克笔或黑色铅笔绘制轮廓。

· 自由选择表达工具进行局部上色，快速呈现色彩和面料肌理/印花。

· 结构和服装细节略微交代，但是要准确。

· 人物局部图可提供细节特征，特别是主要的服装款式。

· 手绘平面图在结构、比例、细节方面应该与人物着装设计稿完全匹配。

· 面料小样和描述性的说明应与设计手稿并茂。

图5-30 雷纳多·巴尼特使用Prismacolor铅笔绘制的设计手稿。

图5-31 雷纳多·巴尼特根据价位和品牌具体的目标客户形象——高端时尚、职业、年轻时髦，选用恰当的人体比例和姿势，结合市场因素绘制变化款。

风格化设计手稿的比例和姿势

在为设计手稿选择姿势时，设计和廓型应该是考虑的第一因素。夸张的姿势或手势将会扭曲比例、轮廓和设计细节。因此，无论是徒手绘制或是使用你自己的人物模板，尽量采用简单放松的站姿和平衡的动态，使用特定的人体姿态和手绘技法表现艺术美感。强调人物的外观，头部、手、脚不应占太大的比例，只作为整体外观的辅助。设计手稿的风格化意味着你清楚地知道哪些线条可以省略，哪些线条对于讲述设计故事必不可少。这是一门技艺，需要时间和经验来完善。随着你每天绘制款式的比例、尺寸和廓型，你会摸索出属于自己的速写风格，如同雷纳多·巴尼特在线条中自然流露出的熟练技巧。

不同的市场定位影响设计手稿的比例、姿势和风貌

·高端时尚/时髦：小脸/秀发、骨感、纤长的脖子、挺拔的肩部、修长上身、细臀、悠然自若的自信、长腿、走起路来摇曳生姿。

·中端市场/职业：普通尺寸的脸型、时髦发型、时尚单品、紧致的身材、长腿、自信挺拔的站姿。

·青年/潮流：更大尺寸的头型、时髦发型、圆脸和大眼睛、平胸、窄腰、脖子与腿略短些、可爱或者前卫。

图5-32 尤兰达·海宁的设计手稿展现了Joe Fresh个性化的年轻时尚的品牌形象。

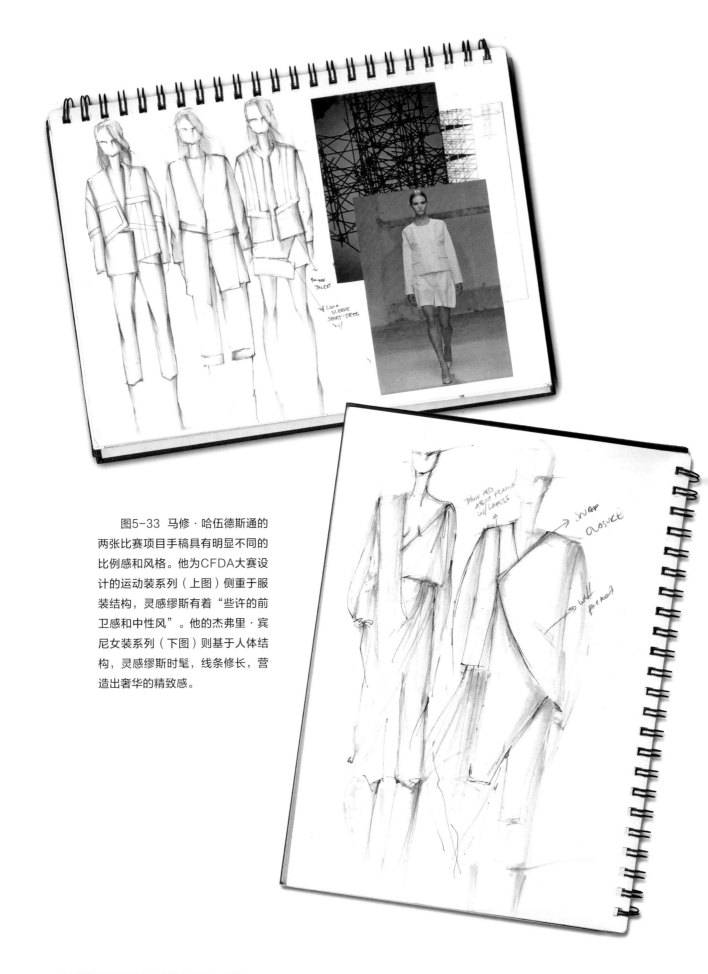

图5-33 马修·哈伍德斯通的两张比赛项目手稿具有明显不同的比例感和风格。他为CFDA大赛设计的运动装系列（上图）侧重于服装结构，灵感缪斯有着"些许的前卫感和中性风"。他的杰弗里·宾尼女装系列（下图）则基于人体结构，灵感缪斯时髦，线条修长，营造出奢华的精致感。

图5-34 如图所示，我们可以看到亚力克斯·钟为先锋
艺术设计作品集系列绘制手稿的整个过程——最初的开发过
程（下图）到过程速写（中图），再到效果图（右图）。

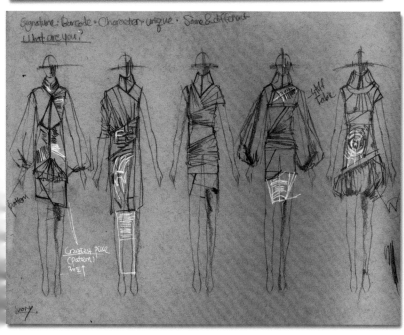

> **"**
> 设计手稿涉及实际表现和内在情感这两个方面，你需要做到两者之间的平衡。在进入正式绘制阶段之前试着从内在的情感出发进行联想。你的手稿可能完全准确，但是如果没有情感只有技巧也将不会是精彩的作品。**"**
>
> ——斯蒂芬·史迪波尔曼，时装插画师、教师、作家

如何使绘制手稿变得更加容易

风格是原创性的独特品质，就如你的设计理念总是处于发展过程中。你的手稿风格是一种个体、独特的表达，但不能成为借口绘制不成比例的人物形象，也不能因此绘制与客户和市场不匹配的手稿。你的风格来自自身的情感反应，如果你尝试借鉴他人的风格，就不能完美地展现你自己了。按照自己的方式融合各种观点可能是这时候最合适的做法。

如果你的手稿风格或技巧并不匹配你的设计审美和品味水平呢？在经过了几个月的试验和沮丧之后，劳伦·塞纳（查看右页）发现了自己的最佳能力——高端审美水平和直觉设计美学。她调整了自己的手稿风格，形成一种更具表现性的时装风格，侧重展示人体之上的设计而弱化其他事物。最终塑造出来的形象完全切合她简洁而干练的艺术美学，迎合了具有文化意识的高端客户群。当你找到手稿中常见问题的解决方案，并让它们融入到自己的绘画中时，你的风格通常会随之演变。

图5-35

图5-36 劳伦·塞纳将第一张设计手稿中的人物进行完善，并用于最终的作品集手稿中，展现其风格和设计美学。

图5-36

图5-35、图5-37安佳永的图案和材质的组合为系列带来了生动的节奏感，多张设计手稿收录于最终的作品集中。

图5-37

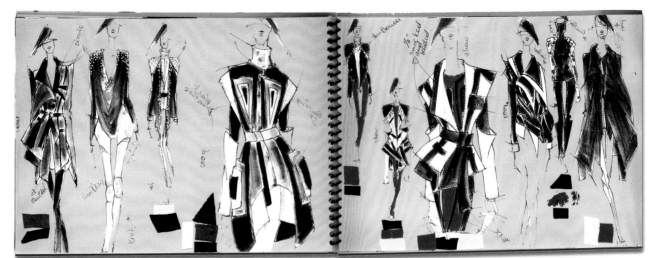

图5-38　卢巴·冈萨雷斯（上图）使用简化的人体强调核心的系列款式；尺寸不一的人体在视觉上产生了节奏感和趣味性。基兰·戴利森的创意过程展示了他手绘天赋，从最初的色彩运用、连续的创意（下左图），到设计手稿（右下图），再到最终的表达（左中图）。

练习13：从速写草图到设计手稿

页面布局/视觉方向

· 针对最终整合的款式系列进行速写练习。

· 运用空间关系，将设计手稿中的主题图片和面料整合起来，绘制几张跨页页面的手稿进行试验。

· 塑造生动有趣、连续统一的布局，强调系列中的核心设计。

· 效果图中的人体可以拉长或者裁切；可以增加放大的细节图。

· 构思设计关键词和注解。

速写技法

· 根据你的过程速写图绘制不同版的设计手稿，注意比例、廓型、细节，尽量忠实于原创设计。

· 徒手绘制或者使用人体模板，如有需要可以改变相应尺寸。

· 在代表个人美学的速写风格中保留自然流露的原创性。

· 如果你使用铅笔进行绘制，再使用细尖勾线笔略微强调线条；专业的速写稿不推荐使用拷贝纸。

· 以轻微的笔触交代色彩、材质和印花，增加准确的结构和细节。

· 每一件服装旁边附上面料小样。

· 表现出灵感缪斯的风貌；增加符合季节特征的配饰、发型和妆容。

序列方案

制订排序方案是确定展示连续页面的必要步骤，比如品牌手册或者电子作品集。它能帮助页面之间形成一种连续的纽带，将视觉概念融入你的设计故事中。通过标题、标签、反复出现的图像和连续的图形等引导元素，在展示速写本中将视觉能量的各个点联系起来。

它们也可以标示内容，并告知观者季节、主题和设计理念。对空间关系和图形策略的试验，为你提供了理解和控制创作过程中流畅性的有利工具。但是你需要一个视觉总览，这样才能将你的页面按顺序整合起来。

图5-39

请在线观看斯科特·尼隆德的彩色铅笔效果图表现技法视频：
www.bloomsbury.com/rothman-fashion-sketchbook

制定展示流程

如果你还没有页面布局的想法，那现在可以开始计划拟订页面顺序了。将它们结合到原始的视觉概要或双页流程图之中，因为你希望在速写本展示页面上的每一页都包含你认为最能服务于设计故事的内容。视觉流程有利于你自由方便地编排和组合，在获得最理想的效果之前进行不断试验。如果没有使用有序的页面布局模板，我是无法将这个图册视觉化地整合起来的。非常推荐以各种形式在双页模板上绘制微型手稿，可以帮助你整理视觉序列。它们可能是初步手稿，也要确保你的大小尺寸与你实际的速写本开本成比例（请观看下一页彼得·多的方案）。当你确定视觉顺序时，请抛开速写本进行思考，并使用它来为你的作品集进行试验性构思。一些设计师也会采用一半大小的样册，或称"假书"，使用拷贝纸装订起来。他们依靠这种办法进行页面排序的试验，以便在制作最终版的时候可以回过头来参考。

图5-39 在初期阶段，斯科特·尼隆德以一个大致的视觉方案引导他的设计方向和项目总览。对于这个项目，他使用旅行日记的形式展示秘鲁之行启发的思考、观点和视觉灵感。他的调研成果包括在当地市场上搜集的钉珠、装饰和面料小样，用于启发他的设计开发拓展和表达方案说明。

图5-40 "这些仅仅是我在构思视觉顺序时的数百张布局页面中的两页（下图）。"

——莎伦·罗斯曼

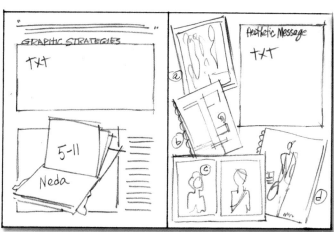

图5-40

图5-41、图5-42 彼得·杜诠释了他受艺术家启发的色彩和页面设计（左上图），并将这种风格延续到正式比赛的表现中（右页图）。他的手稿排序方案（下图）让他能够判断自己的设计是否和谐统一，审美理念是否贯穿始终。

图5-41

176　国际时装设计师创作过程与手稿

练习14：表达顺序方案

· 列出每一页中你想放置的内容。

· 按照正确的小型页面比例绘制大致的跨页模板，反复进行布局排列试验。

· 检查现在所有必要的元素、视觉要素和设计速写布局是否都已经到位。

· 创建内容安排的视觉大纲，计划以怎样的序列展示你的页面。

· 利用视觉方向安排速写本内容的布置及其连贯性。

· 视觉总览规划到位后，判断展示流程是否符合你的市场定位和审美水平。

图5-42

图5-43

访谈：彼得·杜

彼得·多于2004年从越南移居美国。他进入FIT攻读服装设计专业，曾获得2012年专业艺术评论大奖、2013年度CFDA奖学金竞赛最高荣誉奖和杰弗里·比尼大奖。2014年，他的艺术学学位毕业作品系列被甄选为FIT评审比赛的第一名。仅仅在毕业后不久，彼得又获得了LVMH（法国酩悦·轩尼诗－路易·威登集团，是当今世界最大的精品集团）专门为年轻服装设计师颁发的入职荣誉奖，随即他和LVMH旗下时装品牌Celine签订了为期一年的合同。

> **"** 我想将我某一时刻迸发的想法以及给我带来灵感的事物或图案都记录在速写本上。**"**

你凭直觉开始设计……你在进行系列设计的时候会依据某个特定的设计方向吗？

"在刚开始的时候，我会给自己制订一些指导方案或简单的规则，所以可以避免脱离制订的设计方向。在我的CFDA比赛系列中，我回顾了之前的一些基本廓型，其中的组合、造型，还有艺术家本杰明·卡波纳（Benjamin Carbonne）的作品带给我启发，如果我的职业是一名画家也会像他一样绘画。我的主要目标是完成兼具男装风格的女装系列。我只想做一些非常个性的设计，不仅具有艺术理念，同时又是兼具可穿性的市场化的商品。"

你在设计的时候会不断挑战自己吗？

"是的，我想让一些典型的男式白衬衫展现新的风采。通过持续的试验，我开发了一个技巧，即完全改变面料和皮革的肌理。同时，使用卡波纳的艺术作品作为印花素材，改变尺寸和图像解构，加强艺术效果，然后在面料和皮革上进行创新改造。为了增加系列的层次感，我的关注点不仅仅局限于科技，同时还回归到手工艺和一些具有肌理感的针织物小样中。"

你的速写本囊括了所有的这些技巧……

"我的封面采用了整个系列都使用的手绘皮革的技法。在进行卡波纳画作拼贴的过程中，为了让设计更富深意，我采取独特的手绘方式并借鉴了卡波纳艺术作品中的色彩元素，并且不只是一些简单的图片，我还加上了各种印花面料小样。"

你的速写本制作过程是怎样的？

"我想将我某一时刻迸发的想法以及给我带来灵感的事物或图案都记录在速写本上。对于我来说，色彩绝对不是随意而想……它们应该是有意义的表达。我通常花很多时间用来开发面料，这也是速写本中很重要的一个环节——可以展示设计过程的不同阶段。如果只是需要快速表达，我会使用一些满足常见廓型的人物。快速地绘制手稿之后，再加上代表我当时想法的注解。"

在线点击彼得·杜的访谈视频和速写本：
www.bloomsbury.com/rothman-fashion-sketchbook

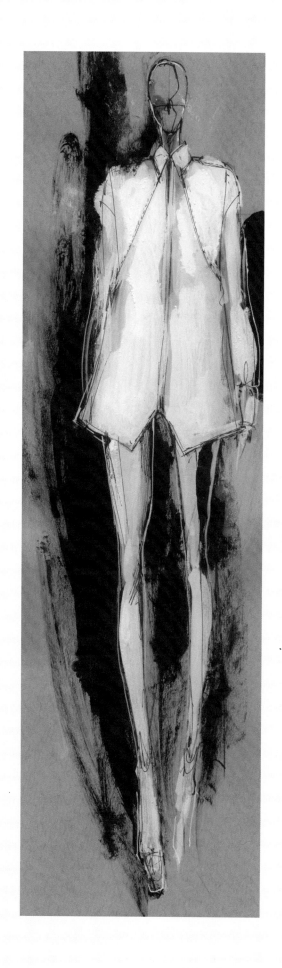

图5-44 彼得·杜的CFDA奖学金竞赛的表现手稿，是在卡皮纸上使用丙烯颜料、黑色细尖马克笔和白色签字笔绘制的。

图5-45

访谈：基兰·戴利森

基兰·戴利森带着他的设计直觉，一路从亚里桑纳州来到了纽约城，获取了服装设计的艺术学士学位。2011年，他成为FIT第一位获得CFDA奖学金项目男装设计组头等大奖的竞赛者，同时，戴利森还荣膺2012年度CFDA/Gilt全明星奖学金。他曾在Prabal Gurung和The Row实习，毕业之后，加入了iCB，参与了2012年春季新品设计。目前，他在Altuzarra担任助理设计师。

你在校读书时获得的最佳设计建议是什么？

"我们非常出色的评论家——马克·沃尔德罗普，就曾经用手中的红色马克笔，对我自认为完美的手稿进行大刀阔斧地重新改造，甚至调整了腿部、头部的位置，让画面的视觉效果变得更加和谐统一。当时我真的心疼不已！但是通过这样的做法，他教会我怎样以单元的形式思考，并要提前在脑海中预想最终的成品。这非常困难，但实际上，他的方法后来变成了对我非常有用的设计工具。"

图5-46 基兰·戴利森使用铅笔起稿的过程手稿，再用马克笔完成最后的设计。

图5-46

翻看你两年前的毕业设计速写本，你有什么感受？

"其实之前的速写里面也有一些精彩的手稿，不过当时我并没有特别满意。那时候，我只是力求干净挺括的设计系列，好像并没有注意是否含有真实的情感，或者说，作品里面应当具有某种情感。不过，手稿都是自己即兴完成的……无论怎样它们需要注入更多的'养分'。"

在招聘的时候，你比较倾向于什么样的速写本？

"发自内心、不完美的页面……都能真实地展现你的所思所想。速写本就是手稿和不同图片的拼接组合，一定记住：所有人都有Tumblr（全球最大的轻博客网站）的账户或者只需点击一下谷歌图片搜索，因此图片的使用应当有限度。所以，比起在页面中突出图片，更重要的是你的手稿。"

图5-47 基兰·戴利森用马克笔和白色笔刷完成的设计手稿。

在线点击基兰·戴利森的访谈视频和速写本：
www.bloomsbury.com/rothman-fashion-sketchbook

图5-47

第6章

创新/互动速写本

　　每一代人都会为创意领域注入新鲜血液，他们启发于历史，以最新的科技为根基，改变着我们看待事物和做事的方式，为我们每一个人创造可能性。你的目标就是要切合当下的设计环境，拥有远见并能灵活地应对不期而至的变化，而且，对于你们中的大多数人来说，需要做的是创造变化。设计故事的叙述方式是整个设计过程中的核心环节，就像观察茶叶，你的创意过程让我们看到设计的演变过程。

　　变化让人兴奋的一点就是我们每一个人都参与其中，并且不能预知变化发展的结果。全球每一位年轻设计师都遵循自己的方式，凭借自身独到的审美品味，结合熟练的技巧和原创的理念共同创造未来。通过持续地为精致优雅的女性设计服装，展现自身创意的同时也改变了时尚公式，面对挑战，他们尽力所为，融汇传统理念和新兴技术为设计带来更多创新视野并满足便利的功能性——通过彼此间的联系构架完整的循环。他们不断地挖掘，担负市场的风险，独自探索何为真正的设计，彼此共同携手创造可持续的未来。

图6-1

图6-1 彼得·杜获得CFDA设计大奖的速写本中的设计故事融合了欧洲的概念表达方式、亚洲的设计感知和美国的实用独创性。

图6-2 决赛选手特拉奇·里德参与CFDA竞赛的速写本，结合了传统手法和新理念，力求简洁的页面布局效果。

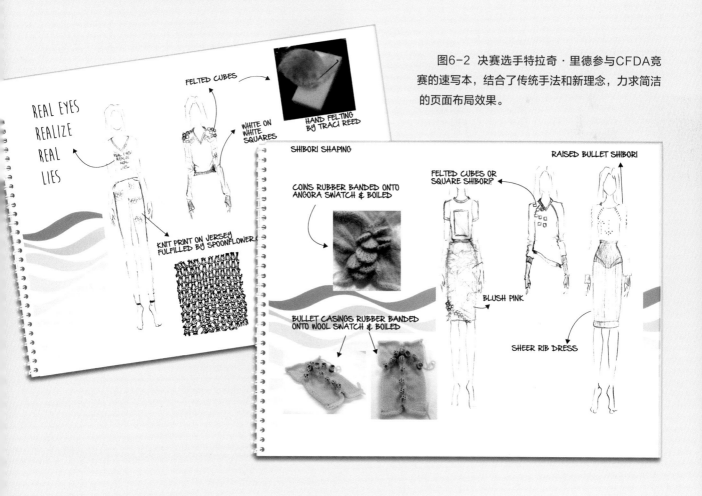

创作元素

每本速写本都像是世界中一面独立的镜子，映射出技术的更新和全球化的影响。也许对于你们中的一些人来说，确实足够幸运地能生存在这个时代，可以从不同的文化背景或延续传承下来的手工艺中学习。对于另外一些人，设计就是某个时刻的灵感迸发，按照自己的方式在创作过程中进行设计表达。欧洲年轻人正在尝试将天马行空的设计幻想与实用性更好地结合在一起，而美国设计师却在进行更概念化的设计联想。

完美表现的时装画和成熟的计算机表达目前似乎脱离了实际的着装方式，违背了设计的真正初衷。我们都被要求具有清醒的设计意识——手工艺、性能，甚至穿着者的生活方式。未来的作品集会以更流畅的方式表达设计故事，避免空洞地编造，用真实、可触碰的具有结构感和空间感的视觉布局方式清晰呈现。

图6-3 劳伦·塞纳毕业作品集中的秋冬系列"合成"。

图6-4 阿莱简德拉·塞维利亚参加CFDA奖学金竞赛的晚礼服系列集合。

为了重新组合一本作品集，回顾和参考以前的速写本是再好不过的办法。如果你是完美主义者，尝试修改过于渲染的人物模板，并使用轻松自然的速写页面。就像阿莱简德拉·塞维利亚，通过完善草图的过程，她的设计变得更加生动。面试官简单的一瞥就能判断她是否适合设计团队。

在任何表达效果中创造平衡，展示出你的设计自信和设计成果。如果你的手稿很粗糙并且也不是你想展示的风格，尝试以抽象组合的方式处理人物图，将它们至于清晰的图形背景中，附上以市场为导向的品类设置合理的平面图和清楚的视觉概念图。劳伦·塞纳在其毕业作品集和速写本的结合中处理得非常出色，在初始草图和最终设计之间建立了明确的视觉联系，通过平衡、视觉隐喻和空间关系讲述了概念故事。

过程作品集

来自纽约的年轻设计师劳伦·塞纳所展示的创意作品集，让我们眼前一亮，她展现了处理速写本和作品集的整合难题的绝佳方案。不仅节省了时间，还能解决如何以视觉化角度将原创性思维转变为优秀设计的问题。劳伦通过速写本进行图形布局的反复试验，并将其作为资料来源——所有的一切都已经到位，只需再进行润色。她利用速写本中的大量视觉关联图与设计开发内容，整合成一个精准的设计故事，并通过新颖的最终速写稿、几张平面图和其他图示呈现出来。通过添加肌理感、手工艺元素、突出的标题页和简洁的设计说明，将设计信息清晰地传达给受众。

> " 面试过程非常短暂，如果你不能立刻吸引面试官的注意力，你就已经失败了。所有收录在作品集里的草图应当是有意义的……他们看一眼就能明白。"
>
> ——劳伦·塞纳

图6-5 劳伦·塞纳毕业作品集中的春季系列"视野"。

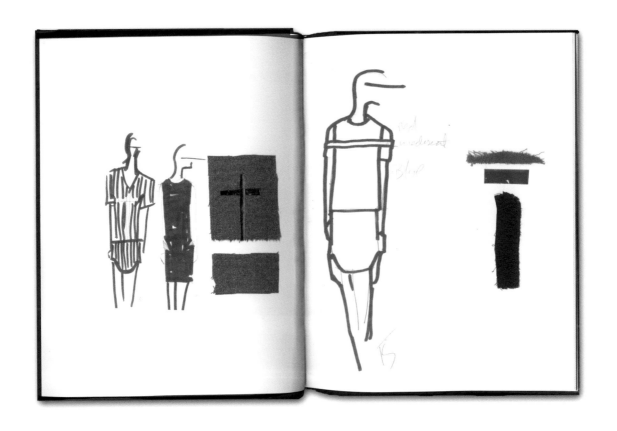

图6-6 如何用4张连续的图片传达一个设计概念。"关于我的秋季系列'合成',我采取了现代主义家具设计师的方法,通过加热胶合板塑造创新形状。我转而将此方法运用到毛毡材质上,并用最少的缝份塑造最优美的廓型。"——劳伦·塞纳

图6-7 劳伦·塞纳毕业作品集中的春季系列"视野"。

速写作品集

在可以过渡为作品集的展示速写本中，马修·哈伍德斯通的作品完全切合奖学金竞赛的设计概要，该设计要求旨在抽选出参赛选手的设计过程精髓。他采用超现实的手法对解剖图片进行再加工，利用折叠的造型表达大胆的设计概念。通过各种设计开发手稿和清晰的风格化过程速写，代替精细的效果图，将它们进行排列组合，使其中的设计联系清晰明了。马修的展示图体现了他开发过程中成熟的概念、基于造型的设计创意，以及干练的编辑过程和对结构的掌握——传递其个人审美和理念。

图6-8～图6-10 马修·哈伍德斯通入围2014年度杰弗里·比尼比赛决赛环节的作品。

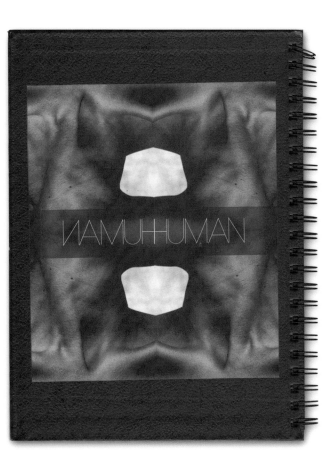

图6-8

图6-9

图6-10

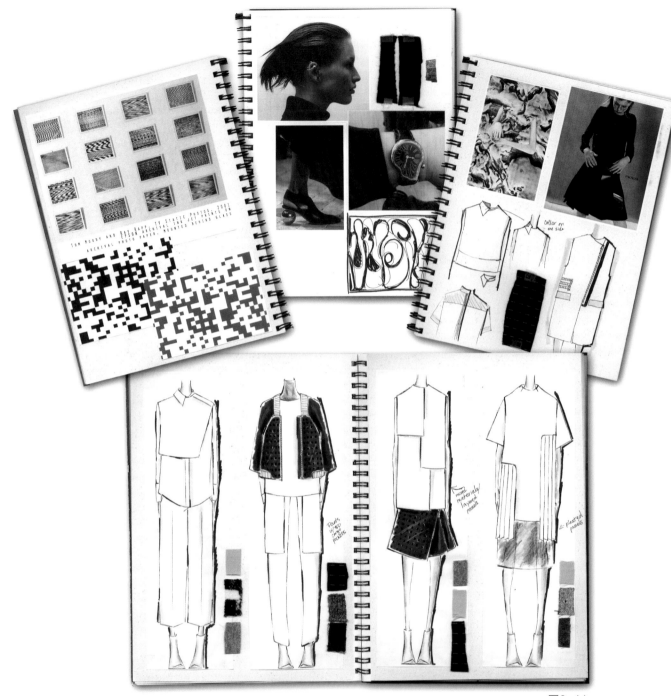

图6-11

速写本作品集技巧

莎伦·康伦在毕业设计速写本中以一种艺术化的形式出色地进行视觉叙述，目标客户群定位于当代的青年群体。在此她完整地表现出了个人审美品味，完全切合概念，并在概念到设计实现的过程中同时兼顾了创意性和可穿着性。所有的一切都在她自信的手中得到展现，

设计思路表达得十分清晰，手稿如此娴熟地转化为最终的效果图——没有必要另外制作作品集。

在线点击收看莎拉·康伦的速写视频：
www.bloomsbury.com/rothman-fashion-sketchbook

来自洛杉矶的设计师索尼娅·内瑟曾为主流设计品牌工作，这段经历影响了她操控创意过程的具体手法。她的速写本生动地展示了设计思维的过程，从针插板上的灵感图到经过计算机润色的完美效果图全都记录在内。一般在扫描手绘设计稿之后，索尼娅会从灵感图片中挑选色彩，不断斟酌、修改。为了展示出清爽的手绘效果，她结合电脑技法，边看边做一些调整。另外，提示性标注和面料小样给作品集增加了工艺感和丰富性。索尼娅还可以通过网络使用平板电脑分享她的个人作品集。

请在本章节的结尾处查阅索尼娅·内瑟的访谈实录。

图6-11、图6-12 索尼娅·内瑟用速写本不断地进行设计试验。以速写本为出发点，快速地进行设计表达，并借助电脑工具，如下图展示，在修改之后更完整、精致地展示其系列作品，可通过智能设备进行查看。

图6-12

图6-13 卢巴·冈萨雷斯的个人工作室墙面上布满了速写板，她仔细挑选目标图片和设计创意，反复进行设计和立裁实验。

工作室速写本

许多设计师将工作室的墙面作为速写本的延伸，可以自由、有序地进行设计开发。设计过程中的所有元素都会被展示出来，每一个独立的创意盒子随着经验积累逐渐成长，不只是局限在纸质的速写本。

卢巴·冈萨雷斯的纽约时尚工作室主要设计都市系列，定位在"时髦、都市、酷女"。在逛街或采购面料途中，她总是会随身携带一本小册子，同时将想法和灵感绘制出来。她还在线收集灵感图片，然后钉在工作室墙面的情绪板上。当开始一个系列时，她被各种图片、色彩和目标面料，还有通过立裁实验和思考发展出来的速写图所包围。她将思绪集中在巨大的创意环境中，为了系列的最终定稿仍不断增加内容。

房素妍在布鲁克林有一家面积并不大的工作室，但从地板到天花板，视野都被占满了——各种绚丽的色彩和纱线，手工编织样品，还有她目前项目的设计草图。这感觉就像置身于她的速写本之内。她热爱挑战开发针织服装，这需要她清晰地了解纱线的品质和性能。进行结构和廓型的各种试验之后，会改变一些具体的设计细节，引导出新的创意方向。房素妍很早地开始了新一季的设计，挑选纱线的组合，试图发明一些新的缝制手法

塑造可行的廓型，为了得到满意的效果在开发过程中会不断地进行修改。草图过渡为设计手稿，效果图完稿之后进行系列营销方案的规划。她和当地一些从事手工编织的手艺人建立了良好的合作关系，从他们身上吸纳编织技法，激发创造性，这种友谊关系的建立极大地支持了她开展创意工作。

如想观看房素妍的访谈请阅读本章节末尾处。

图6-14 房素妍自创品牌并带来她独具特色的手工编织设计作品，她在工作室的墙面上整理每个系列的设计方向和草图，为设计提供关于图形和色彩的灵感。

SUNGHEE BANG

智能设备速写本

在布鲁克林工作的加拿大籍设计师安吉利卡·赫梅莱夫斯基，她的平板电脑作成为一个直接进行设计沟通的设备，方便与工厂和版师联系。她使用的其中一个APP是Noteshelf，将她的平板电脑转换成各种类型的速写本，让她轻松跨过语言障碍进行创意勾画，在屏幕上修改设计，并及时发送。

"对于直接发送潘通色卡规格给生产商，它已经变成必不可少的工具。"安吉利卡·赫梅莱夫斯基说道，"我不再需要寄送海外快递了……电子邮件可以解决所有问题。"她运用平板电脑中的速写APP开发配色方案，只要点击笔刷工具栏的色板即可，见右页图。运用笔尖或指尖，她可以重新思考色彩或设计，并在速写队列中进行及时改动。如果需要结合立裁试验，她可以将平板电脑中的图片导入程序中，在屏幕的照片上直接绘制，修改缝合线迹或其他细节，然后发送给自己，或者用Photoshop进行完善。虽然通过APP进行速写可以比较随性而发，但精确度不能完全满足她的系列设计要求。她补充到："还是需要手绘完成，否则总会觉得设计过程缺少了一些东西。"

图6-15 安吉利卡·赫梅莱夫斯基
拍摄：斯蒂芬妮·诺里滋

图6-16 安吉利卡·赫梅莱夫斯基在智能设备上绘制设计草图，手绘稿中还标注了色彩和面料说明，方便随时修改。

图6-15

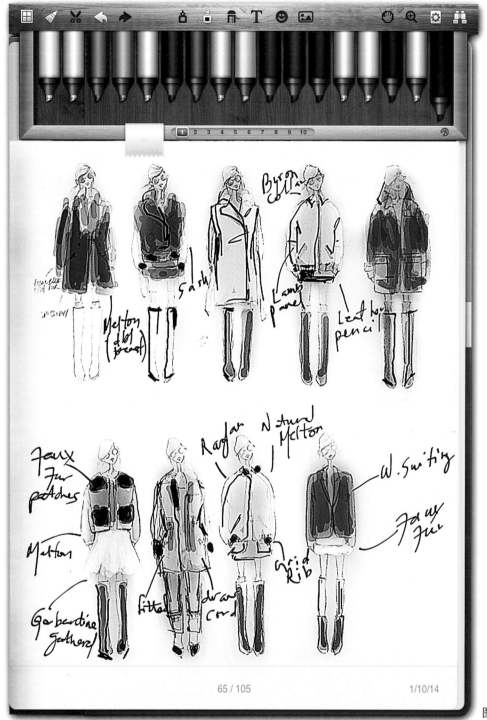

图6-16

为了适应数字时代，人们在设计创新的同时渴求结合传统技法和优质材料。你的设计过程让你与众不同。

制订高要求的创意标准，保持真实、完整，就像安吉利卡一样，在体验性与创意性中间寻求平衡。

设计一个可持续的未来

设计有其活生生的语言，摒弃毫无新意的思索，全力吸纳每一天生活中出现的新想法。你可以在速写本的制作过程中体会这一点——吸收并集中创意，去除行不通的创作，尝试新鲜事物并为旧事物换上新颜，挑战你的认知能力，拓展视野。这都是你适应变化和持续保持创意与活力的能力。在时尚道路中找到自己的方向并不容易。目标的确立必须要有足够的热忱和决心。手中的速写本能够使你的视野变得明晰，将你引入可持续性未来的正确道路之中。

图6-17 丹尼尔·希尔弗斯坦开始他的"Piece Project"计划，挑战性地仅使用系列产品生产中剩余的面料制作服装，目的在于创意地实现他的零浪费环保理念。

摄影：梅根·多诺霍

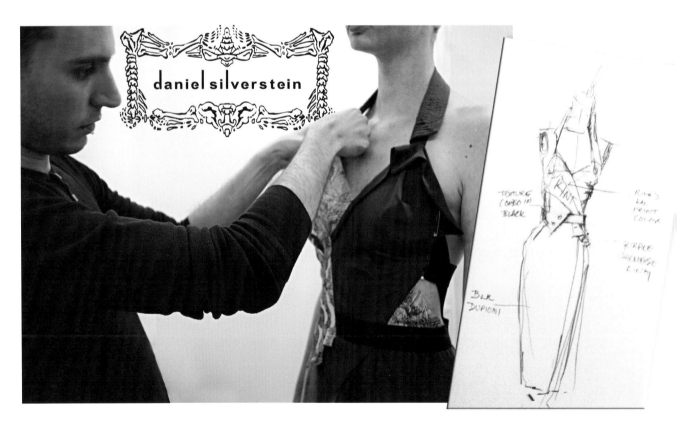

注重环保的设计意识

不得不说注重环保的设计意识已经成为瞬息万变的时尚世界中的通用准则，许多年轻设计师积极地置身于其中。如果他们只是希冀将个人理念和创意目标注入到现存的时尚行业之中，那一定会感到沮丧，因为，这几乎不能实现。只有脚踏实地且独立地开发新型工作模式，并思考时尚怎样快速地发生变化……同时，在电子商务和创意合作的帮助下，才能够改善整个"时尚系统"。

当今的年轻独立设计师开始回归到手工艺，凭借自身意识进行原创服装设计。在倡导可持续环境的呼声之下，他们自身也具有同样的意识。为了适应快速变化的行业，他们在当地采购环保材料和手工艺品，生产符合伦理道德和当地传统的服装，实施透明的商业运作，推

广线上销售。在大批量生产的快时尚业，顾客会更愿意看到精心设计的、能融入生活的服装。

丹尼尔·希尔弗斯坦打算"改变人们的制衣方式"，由此证明时尚既可以美，也可以成功，同时还可以实现负责任的设计，尊重技师，为手工艺人创造机遇，并实现可持续性的商业实践。丹尼尔致力于推广零浪费环保概念的设计，正如在生态时尚创意网站Ecouterre上的标语"我们做的一切都符合零浪费或者少于1%……在美国亲手制作"。传统的纸样裁剪技术和缝制技术导致大量的材料浪费。"零浪费意味着我们会将整片的布料合理裁剪，均用于生产"。

图6-18　袁永力的作品"丹"。

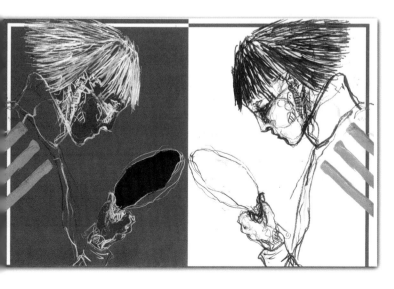

个月生产更少的服装，直接面向客户销售，这对设计师和客户都有好处。

"在纽约，令人惊讶的是有很多设计师加入到可持续性理念的阵营之中，他们都很慷慨，乐于分享资源。这对于原材料采购和企业审查大有益处，给新的供货商提供资金，提供新鲜想法。"在采购和选择面料之后，塔拉通常开始创意草图。"我使用两种类型的速写本，一种是空白页，我可以随性涂鸦，另一种是网格纸，方便书写、标记，然后按逻辑理清系列顺序。"

丹尼尔·希尔弗斯坦和安吉利卡·赫梅莱夫斯基都以自己的方式运作独立品牌，不依照时尚日历。丹尼尔发现品牌传统的系列规模不适用于小设计师们。"通过建立我自己的日历表，品牌商务表现更好，保持少量的系列款式，持续拓展电子商务的销售额。"如同日益庞大的年轻设计师群体，通过社交网站、趋势报告和与他们志趣相投的零售平台，他们吸引了一批忠实的粉丝。贴近客户才能生存，并且可以更快地成长以及付出更少的代价。

塔拉·圣詹姆斯　　　　　　　　　　　图6-19

一种新的商业模式

塔拉·圣詹姆斯的设计定位在小巧、慢节奏、无季节性的"当代民族女装品牌"。遵照可持续性的承诺，扩大到社区范围，她建立了一套"不遵循传统的时尚日历（每年两个主要的系列）"的商业模式。塔拉确信每

安吉利卡补充到："除了缩减系列款式数量，同时我和一些小型的精品店建立合作关系，在对我的品牌认知以及对独立买手的生活方式的想法上，他们和我具有相似的观点。对每个人来说，从创意、资源和经济上都是可持续的。"

位于亚特兰大的设计师费利西亚·巴斯埃森建立自己的品牌"Collective 26"，倡导"与全美的手工艺人团体合作分享"的理念。她脱离了批发模式，完全不需要中间人。"我通过全国旅行、拜见客户、销售产品、卡车展示和在线销售的方式经营自己的品牌。从购买我服装的女性客户中，我发现了自己的设计优势。"

图6-20 费利西亚·巴斯埃森为"Collective 26"绘制的彩色人体效果图，将她的设计想法传达给丝网印工艺师。
拍摄：李·莫斯，Side Yard工作室

图6-21 罗莎·吴，Calvin Klein的兼职针织设计师，长期致力于推动纽约当地的可持续性产业的发展，建立Young and Able设计社团。

创意社区

来自纽约的设计师罗莎·吴希望得到她的朋友和设计同僚们支持，建立Young and Able，一个专注于透明化监管的零售平台。罗莎已经有了小部分的电子商务客户群，协同创意设计师和手工艺人一起发扬可持续的共同脉络。她邀请线上客户和产品制造商建立私人合作关系。"当你支持Young and Able的设计师时，你不仅仅是购买一件衣服——你会获知更多关于灵感的故事，也是对他们在未来行业继续发展下去的动力。"罗莎扮演着独特的中间身份，她解读市场，为独立设计师分享真知灼见，以帮助他们进行设计优化。开放的创意共生关系，对设计师有利，也为罗莎带来益处。他们的支持、友谊和精美的手工艺品反过来成为罗莎成长的动力。

就目前的状况来说，维持下去并不容易，全世界所有的年轻设计师，无论是城市商业集群、特定区域的消费合作社，他们都怀揣着共同的愿望和目标，彼此携手互助共进。他们正畅想着基于创新的设计行业的未来，留存传统的精髓，并依靠技术推进发展。创意社区集成了小型精品店、当地的手工艺人、独立电子商店和创意零售平台——整个创意圈的工作伙伴都在尝试一起工作的新模式，创建、延续时尚事业——通过速写草图实现设计创造。

Sharon Rothman

图6-22 长期的时尚插画师的职业经验，让我尤其擅长联想，并保持用精准的线条进行速写表达。无论何时，绘制一个生动的人物形象总是充满了乐趣。

访谈：索尼娅·内瑟

2007年从纽约时装学院毕业后，索尼娅·内瑟开始供职于品牌Simply Vera（著名华裔设计师王薇薇与科尔士百货公司联合推出的平价副线），负责品牌运营发展。接下来的7年里，她为许多新品牌工作过，包括Sofia Vergara和Peter Som Design Nation。索尼娅目前一直担任趋势预测机构Stylesite的独立撰稿人，最近，她从纽约搬到了洛杉矶，她现在的身份是Reformation的设计师。

每个系列的创意过程都一样吗？

"是的，在收集完大量的调研资料后我会开始绘制草图，这个过程就像是给我燃油助火。我会将速写本看成是一本生动的文档记录薄，没有什么是一成不变的，而这样的思考恰好对我开展设计特别有用。通常我会使用针插板，在上面放上所有的手稿，方便随时移动位置。灵感材料和创意想法改变和演化的时候，关键的概念就会出现，此刻才是头脑风暴的开始。"

在设计过程的哪个阶段，你开始使用速写本？

"我的方法总是首先绘制草图。一本小小的速写本，我能随便在上面即兴创作。一旦有什么想法，我会迅速记录下来，因为想法总是相互承接的。如果我感觉到草图完成得差不多了，我会用大头针固定在针板上，随时回顾，放大观看。此时，行不通的想法我会直接去除，然后重新补充。"

你怎样从开发过渡到整合过程？

"想法变得非常清晰后，我首先会绘制微型草图——完整的系列风貌，虽然很快速、散乱，看上去却很生动。我第一次明确感受到自己想要什么样的设计，最终的系列里应该加入什么。一旦我将设计草图并列钉在墙上，我就能发现其中的不妥之处，然后及时调整并重新排列顺序，直到故事完整通顺。"

在线点击索尼娅·内瑟的访谈视频和速写本：
www.bloomsbury.com/rothman-fashion-sketchbook

图6-24 索尼娅·内瑟——"静物"系列的色彩顺序编排：通过结合马克笔手绘与电脑技术完成色彩试验。

图6-25

2005年，房素妍从韩国首尔来到了纽约。在纽约时装学院学习服装设计期间，曾获针织和专业艺术双项评论大奖，并在唐娜·卡兰（Donna Karan）、J Mendel、Jill Stuart和Peter Som当学徒。在伦敦，她参与了亚历山大·麦昆的2009春季系列设计。2009年毕业之后，她创建了自己的同名品牌，主要生产个性的手工针织单品。她的配饰系列曾是纽约Bar—ney's百货公司最畅销的商品，在2012年的春季，Gen Art（支持新锐艺术家和设计师的组织）挑选了她的系列作为时尚大奖的新人奖。

访谈：房素妍

图6-26 马克笔速写稿

你的品牌的设计理念是什么？

"我的针织服装以原创性的肌理手法为特色，极简廓型结合复杂的肌理变化，硬朗的男性气质加上柔美的女性质感，手工艺结合高端设计，精致结合玩味随性。我积极地参与到设计过程中的每一个步骤中，借鉴丰富的材料和编织技法。我相信设计草图中最关键的部分在于保留力量和独特理念的个性。"

当进行系列开发和整合的时候，你会考虑什么？

"依据'结合极简廓型表现非传统的肌理材质'的原则，我会思考我的设计究竟会给客户的生活带来什么。我想提供独特并兼具多功能性的系列单品，同等重要的还有实际的生产效率。"

你认为一本成功的速写本应该是怎样的？

"我认为视觉表现对设计专业的学生很重要。速写本是展示思维和设计草图的最佳工具。想要一概而论断定速写本是否成功并不容易，因为这关乎个体并且每个人都有不同的风格。对于我来说，展示针织的专业知识会是加分项。但是，如果我能清晰方便地读懂他们的想法，这也是一本成功的速写本。"

在线点击收看房素妍的访谈视频和工作室：
www.bloomsbury.com/rothman-fashion-sketchbook

图6-27 房素妍使用铅笔绘制的针织系列开发手稿；针织衫细节放大图，展示完美的手工编织技艺。

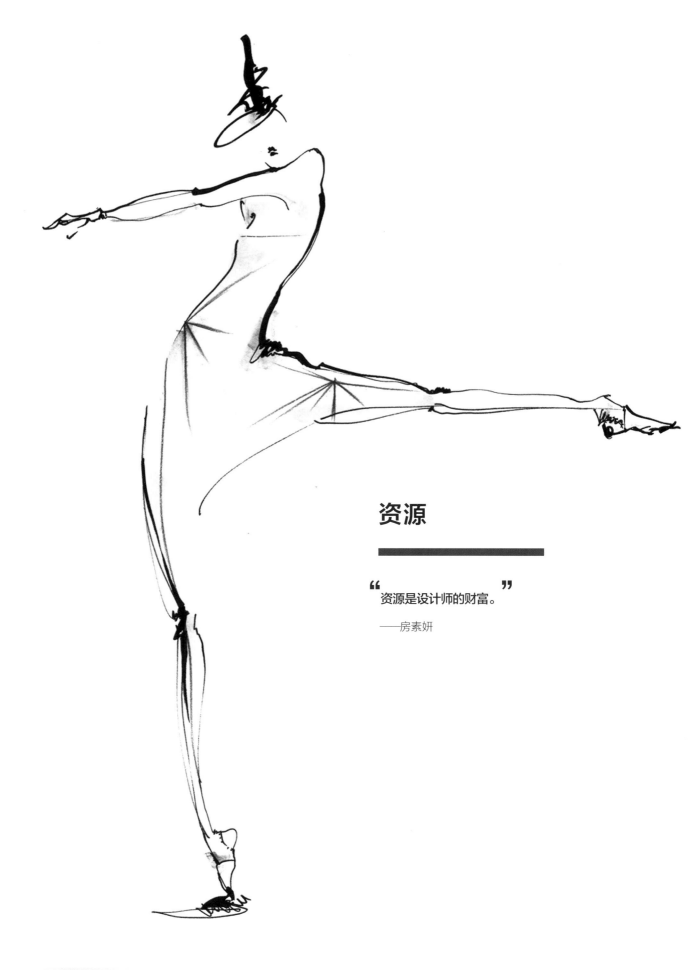

资源

"
资源是设计师的财富。

——房素妍

第2章和第3章——灵感/调研

博物馆/服装展览

International
—www.fashionandtextilemuseums.com
Metropolitan Museum of Art/Costume Institute, New York, NY
—http://www.metmuseum.org/
The Museum at FIT, Fashion Institute of Technology,
New York, NY
—http://fashionmuseum.fitnyc.edu/
Cooper-Hewitt Smithsonian Design Museum, New York, NY
— www.cooperhewitt.org
Los Angeles County Museum of Art (LACMA), Los Angeles, CA
— http://www.lacma.org/
The Royal Ontario Museum, Ontario
—http://www.rom.on.ca
Victoria & Albert Museum, London
—http://www.vam.ac.uk/
The Fashion and Textile Museum, London
—http://ftmlondon.org/
Musée de la Mode et du Textile, Paris, France
—www.lesartsdecoratifs.fr
Musée Galliera, Paris, France
—http://palaisgalliera.paris.fr
ModeMuseum Provencie Antewerpen/MoMu, Belgium
—www.momu.be
Palazzo Pitti Costume Gallery, Florence, Italy
— http://www.polomuseale.firenze.it
Triennale di Milano
—www.triennale.it
Cristobal Balenciaga Museoa, Getaria, Spain
—http://www.cristobalbalenciagamuseoa.com/Ingles.html
Museo del Traje, Madrid, Spain
— http://museodeltraje.mcu.es/
The Kyoto Costume Institute, Kyoto, Japan
—http://www.kci.or.jp/archives/index_e.html

图书馆

Fashion Institute of Technology, Gladys Marcus Library,
New York, NY
—http://www.fitnyc.edu/library.asp
New York Public Library, New York, NY
—http://www.nypl.org/
The Picture Collection, Mid-Manhattan Branch
Library for the Performing Arts, Lincoln Center
Fashion Institute of Design and Merchandising Library, Los Angeles, CA
—http://fidm.edu/en/about/FIDM+Library
London College of Fashion Library, University of the Arts, London, UK
—http://www.arts.ac.uk/fashion/about/facilities/lcf-library/
The British Library, London, UK
—http://www.bl.uk/
Bloomsbury Fashion Central/Berg Fashion Library/Fashion Photography
Archive
—https://www.bloomsburyfashioncentral.com/

趋势：风格与色彩

The Trend Cult
—www.thetrendcult.blogspot.com
Style.com
—www.style.com
WWD/Women's Wear Daily
—www.wwd.com/
The Scene/Vogue Videos
—www.thescene.com/vogue
The Sartorialist
—www.thesartorialist.com
Refinery29
—www.refinery29.com
Business of Fashion
—www.businessoffashion.com
Fashionista
—www.fashionista.com
Trend Union/Edelkoort Inc.
—www.edelkoort.com
Le Book
—www.lebook.com
Color Association of the United States
—www.colorassociation.com
Promostyl
—www.promostyl.com/blog/en/home/
Lenzing Textile (free color, trends downloads)
—www.lenzing.com
Pantone Color Institute/MyPantone
—www.pantone.com
TED
—http://www.ted.com

第4章和第5章——参考素材

参考书目

Albers, J. and N. F. Weber (2013), Interaction of Color: 50th Anniversary Edition, New Haven, CT: Yale University Press.
Dawber, M. (2013), The Complete Fashion Sketchbook, London, UK: Batsford.
Faerm, S. (2012), Creating a Successful Fashion Collection, Hauppauge, NY: Barron's Educational Series, Inc.
Hallett, C. and A. Johnson (2010), Fabric for Fashion: A Comprehensive Guide to Natural Fibers, London, UK: Laurence King Publishing Ltd.
Kelley, T. and D. Kelley (2013), Creative Confidence: Unleashing the Creative Potential within Us All, New York, NY: Crown Business.
Lupton, E. and J. C. Phillips (2008), Graphic Design: The New Basics, New York, NY: Princeton Architectural Press.
Nakamichi, T. (2010, 2011, 2012), Pattern Magic, London, UK: Laurence King Publishing Ltd.
Seivewright, S. (2012), Basics Fashion Design 01: Research and Design, 2nd edn, London, UK: AVA Publishing.
Shepherd, R. (1995), Hand-Made Books: An Introduction to Bookbinding, Tunbridge Wells, Kent: Search Press.

Stipelman, S. (2011), *Illustrating Fashion: Concept to Creation*, 2nd edn, New York: Fairchild Publications, Inc.

Tain, L. (2010), *Portfolio Presentation for Fashion Designers*, 3rd edn, New York: Fairchild Publications, Inc.

White, A. W. (2011), *The Elements of Graphic Design: Space, Unity, Page Architecture and Type*, 2nd edn, New York, NY: Allworth Press.

Wolff, C. (1996), *The Art of Manipulating Fabric*, 2nd edn, Lagos, Nigeria: KP Books.

纸质杂志和在线杂志

Vogue Magazine
—www.vogue.com
Self Service Magazine
—www.selfservicemagazine.com
Around the World NYC
—www.aroundtheworldnyc.com
In Fashion/In Trend Magazines
—www.instyle-fashion.com.tw
Hola Fashion
—http://fashion.hola.com/
View Textile
—www.view-publications.com

在线资源

Adhesives and archival storage:
—http://www.scrapbook.com (international shipping)
For art supplies:
—http://www.dickblick.com (international shipping)
—http://www.jerrysartarama.com (international shipping)
—http://www.greatart.co.uk
—http://www.jacksonsart.com
—http://www.geant-beaux-arts.fr

第6章——伦理设计领域

伦理设计调研

Not Just a Label
—https://www.notjustalabel.com/
Ecouterre—Eco trends in sustainable fashion, style,
and beauty
— www.ecouterre.com
The Green Style Blog
—http://www.vogue.co.uk/person/the-green-style-blog
The Guardian/Sustainable Business
— http://www.theguardian.com/sustainable-business/sustainable-fashion-blog
Gilhart, J., Conscious Consumerism

—www.businessoffashion.com
Hohlbaum, C. L. (2009), *The Power of Slow: 101 Ways to Save Time in Our 24/7 World*, New York, NY: St. Martin's Griffin.
Brown, S. (2010), *Eco Fashion*, London, UK: Laurence King Publishing Ltd.
Ryan, L., The Human Workplace
—www.humanworkplace.com/
Ethical Fashion Forum
—http://ethicalfashionforum.com
Pratt/Brooklyn Fashion + Design Accelerator
—http://brooklynaccelerator.com
Eco Age, the Green Carpet Challenge
—http://eco-age.com/gcc-brandmark/
Clean Clothes Campaign
—https://www.facebook.com/cleanclothescampaign

道德采购

Source4Style, eco textile marketplace
—http://www.source4style.com/
Maker's Row (New York City factory sourcing made easy)
—www.makersrow.com
Ethical Fashion Source Network
—http://ethicalfashionforum.ning.com
Fair Trade Foundation
—http://www.fairtrade.org.uk/
Far and Wide Collective
—http://www.farandwidecollective.ca
World Crafts Council
—http://wccna.org/
—https://www.facebook.com/WorldCraftsCouncil
—http://www.wcc-europe.org/
Start Up Fashion
—http://startupfashion.com
EcoSessions
—http://ecosessions.co/

在线店铺

Young and Able
—http://www.shopyoungandable.com/
Master and Muse
—http://masterandmuse.com/
Modavanti
—https://modavanti.com
Style with Heart
—http://www.stylewithheart.com/
Magnifeco
—http://magnifeco.com